智能变电站
以太网设备测试运维技术

国网宁夏电力有限公司电力科学研究院　编著

WUHAN UNIVERSITY PRESS
武汉大学出版社

图书在版编目(CIP)数据

智能变电站以太网设备测试运维技术/国网宁夏电力有限公司电力科学研究院编著 . —武汉：武汉大学出版社,2019.7

ISBN 978-7-307-21043-1

Ⅰ.智… Ⅱ.国… Ⅲ.智能系统—变电所—以太网—数据交换机—电力系统运行—研究 Ⅳ.TM63

中国版本图书馆 CIP 数据核字(2019)第 145066 号

责任编辑：谢文涛　　　责任校对：李孟潇　　　整体设计：马　佳

出版发行：**武汉大学出版社**　（430072　武昌　珞珈山）

（电子邮箱：cbs22@ whu.edu.cn　网址：www.wdp.com.cn）

印刷：北京虎彩文化传播有限公司

开本：787×1092　1/16　印张：12.75　字数：299 千字　插页：1

版次：2019 年 7 月第 1 版　　2019 年 7 月第 1 次印刷

ISBN 978-7-307-21043-1　　定价：39.00 元

编 委 会

前　言

　　智能电网是当今世界电力系统发展变革的最新动向，已经渗透到发电、输电、配电、用电、调度、通信信息等各个环节，并被认为是 21 世纪电力系统的重大科技创新和发展趋势。智能变电站采用先进、可靠、集成和环保的智能设备，以全站信息数字化、通信平台网络化、信息共享标准化为基本要求，自动完成信息采集、测量、控制、保护、计量和检测等基本功能，同时，具备支持电网实时自动控制、智能调节、在线分析决策和协同互动等高级功能的变电站。而电力交换机作为智能变电站中重要的一部分，在智能变电站中起着至关重要的作用。

　　近些年，随着国家对"中国制造 2025"战略的稳步推进，电力以太网交换机作为智能变电站网络的关键节点设备，市场需求出现了井喷式的增长，有效统计显示，最近几年，电力以太网交换机的数量需求快速增长，复合增长率保持在 100%，并且未来 5 年内电力以太网交换机的市场需求仍然会继续保持高速增长。

　　电力以太网交换机用于智能变电站环境现场，在网络传输中作为现场智能设备与后台控制设备间的转换节点，实现了大量的数据信息交互。在智能变电站中，电力以太网交换机作为通信网络中的重要节点，必须稳定可靠地运行，以确保智能变电站网络系统实时、稳定且可靠地运行，一旦交换机出现故障，将造成不可估量的损失。伴随着变电站智能化不断地推进，智能变电站现场数据交换规模变得越来越大，网络变得更加复杂，高性能、高实时性的电力以太网交换机呼之欲出。

　　目前，针对我国电力通信网的现状，需要从两方面入手建设，即电力调度交换网以及电力传输通信网。在电力调度交换网中，通常将地调调度交换机作为核心，进行调度信息的发送，并且以交换机为中心，建设相应的变电站以及集控站网络，从而构建基本的电力通信调度组网。组网的连接方式以两线直连的方式为主，也可将地调调度交换机同其他二线进行连接。但无论何种连接方式，交换机必须要与该区域内所有的变电站调度电话进行连接。随着科技的不断发展，如今，我国已经总体上实现了 SDH 光传输系统的网络构建，交换机与集控站之间的也形成了由双路由以及双设备的构建，这两种电力通信传输方式也是目前配调与地调的基本配置。

　　电力交换机的功能和性能在很大程度上直接决定了电力输电与配电的质量，性能优良的电力交换机可使电网的智能化与自动化更加可靠。现阶段，对电力交换机功能和性能的测试软件已有很多，如 KEMOV、思博伦、IXIA、Cobra 和 EXFO 等公司的相关产品，然而，对电力交换机的管控和交换机功能和性能分析评价管理系统的研究却比较少，主要是对交换机串口管理、TELNET 管理、SNMP 管理和 WEB 管理等的研究，本书不仅对智能变电站的网络结构、通信协议、电力交换机的功能和性能测试方法等进行了深入的研究，还对交换机功能和性能分析评价方法进行了研究。

本书围绕智能变电站以太网设备的检测运维技术，对电力以太网设备、智能变电站以太网交换协议、延时可测交换机、电力交换机的配置和检测规范、智能变电站最优组网方案、以太网交换机设备的检测方法、智能变电站交换机智能运维和电力交换机性能评价方法进行了详细的阐述。设计了一套交换机功能和性能分析评价管理系统，旨在帮助读者全面了解智能变电站以太网设备的检测和运维的相关技术。

本书共分为6章，主要内容概述如下：

第1章介绍了以太网的基础、发展和以太网的组网方式，并对网络安全问题、网络安全策略以及电力交换机的发展趋势进行了详细的描述。

第2章介绍了电力交换机的特点、功能需求、环境与安全要求和智能变电站以太网通信协议，同时对延时可测交换机的原理、延时精度和应用进行了详细的阐述，对电力交换机常用的配置方式、配置参数和配置新技术予以说明，并对智能变电站最优组网方案进行了介绍。

第3章主要介绍了电力以太网交换机的测试方法，主要对交换机的单机功能和性能进行测试，以及交换机多级级联的功能和性能进行测试。智能变电站多级级联的性能与功能测试主要包括：延迟时间测试、网络风暴测试、网络压力测试。

第4章主要介绍了智能变电站以太网交换机的日常运维及巡检和交换机的在线监测技术。其中，对交换机在线监视技术的现状、交换机网络管理协议和MMS协议进行了详细的介绍，并举例介绍了电站交换机在线监视的实际应用。

第5章介绍了交换机的功能和性能评价标准，并对交换机功能和性能的评价与管理方法进行了深入的研究，最后根据交换机的功能和性能评价标准开发了一套交换机的功能和性能分析管理平台。

第6章主要介绍了电力以太网交换机的安全防护要求、加固方法和配置，并用以太网安全防护案例进行了具体说明。

全书逻辑清晰，行文流畅，采用通俗易懂的方式介绍了智能变电站以太网设备测试和运维的相关知识，并对以太网交换机的功能和性能检测方法、网络拓扑结构和最优组网方式等提供了适当的图解，具有很强的可读性和实用性。

国内已有一些企业生产了对电力交换机功能和性能进行检测的设备，但对电力交换机的检测方法没有统一的标准。本书非常系统地讲述了对交换机单机的性能检测和多级级联的检测方法，其中包括对过程层、站控层和间隔层以太网交换机功能和性能的检测方法，并提出了对交换机性能的评价标准，可帮助读者了解智能变电站的相关结构和电力交换机功能和性能的检测方法。希望本书的出版能对我国智能变电站的发展和电力以太网交换机的性能提升产生积极的促进作用，也希望更多的研究人员加入智能变电站和电力以太网交换机的研究中来，为我国电力事业做出更多的贡献。

编　者

2019 年 6 月

目　　录

第1章 以太网基础

自 20 世纪 70 年代局域网技术被提出以来，各种局域网技术层出不穷，有的技术发展壮大，而有的却被逐步淘汰。其中令牌环（token ring）和光纤分布式数据接口（FDDI）在现阶段发展成熟，以太网更是逐步成为局域网技术的主流。本章从以太网基础概念引入，对网络通信协议、以太网中的关键技术、以太网交换设备和以太网组网方式做出简要介绍，同时总结了以太网发展历程、电力以太网交换机发展趋势和网络安全问题，为后续章节提供了理论和背景依据。

1.1 以太网发展简介

以太网以其业务服务广泛、技术成熟、可靠性高、连接电缆和接口设备价格较低等优点，加速推动了网络发展演进的速度，开拓了众多新的网络市场，对现代以及未来的网络发展具有很大的现实意义。以太网交换机作为将一个大型的以太网分割成若干个冲突域，隔绝网络冲突，实现信息快速转发的网络设备，扩大了以太网的应用范围，因其丰富的网络特性使其可以服务于我们生活中的方方面面。本节将介绍以太网及交换机的发展过程，让读者多角度、更全面地了解以太网及交换机。

1.1.1 以太网发展过程

以太网是施乐帕克研究中心（Xerox PARC）于 20 世纪 70 年代初期推出的，现已成为当今最重要的一种局域网建网技术。以太网的发展过程如图 1.1 所示，下面将以时间为序，将以太网发展过程分为多个重要阶段做详细介绍。

1.1.1.1 以太网的诞生

1972 年底，Xerox PARC 的网络专家 Metcalfe 和 Boggs 设计了一套可以将多台计算机连接起来的网络，因其以 ALOHA 系统为基础，又连接了多个 ALTO 计算机，故将该网络命名为 ALTO ALOHA 网络。1973 年 5 月，ALTO ALOHA 网络作为世界上第一个个人计算机局域网络开始了首次运转。

最初的实验型以太网以 2.94Mbps 的速度运行，该速度值是由于第一个以太网的接口定时器采用 ALTO 系统时钟，而该时钟每 340ns 发送一次脉冲，故而网络传送率为 2.94MBit/s。到 1976 年，Xerox PARC 的实验型以太网已经发展到 100 个节点，可在长 1000 米的粗同轴电缆上运行。1976 年 6 月，Metcalfe 和 Boggs 发表了题为《以太网：局域网的分布型信息包交换》的著名论文，1977 年底，Metcalfe 和他的三位合作者获得了"具有

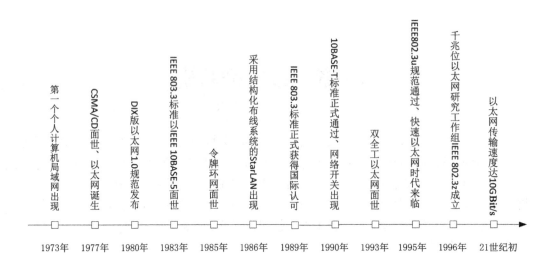

图 1.1　以太网发展时间轴

冲突检测的多点数据通信系统"的专利，多点传输系统被称为 CSMA/CD(载波监听多路存取和冲突检测)。从此，以太网就正式诞生了。

1.1.1.2　以太网的标准化

在 20 世纪 70 年代末，数十种局域网相继涌现出来。在如此激烈的竞争环境下，成为产业标准使得以太网最终坐上局域网宝座。1979 年，DEC、Intel 和 Xerox 三家公司(DIX)开始筹备并成功召开三方会议，1980 年 9 月 30 日，DIX 公布了"以太网，一种局域网：数据链路层和物理层规范，1.0 版"，这就是著名的以太网蓝皮书，也称为 DIX 版以太网 1.0 规范。在以后两年里，DIX 重新定义该标准，并在 1982 年公布了以太网 2.0 版规范。

在 DIX 开展以太网标准化工作的同时，世界性专业组织 IEEE 组成一个定义与促进工业 LAN 标准的委员会，该委员会被命名为 802 工程，802 工程又分为不同的小组：

802.1 小组：处理高层互联协议和管理，处理所有 802LAN 共同的问题，包括编址、管理和网桥。

802.2 小组：定义逻辑链路控制(logical link control，LLC)。

802.3 小组：处理 CSMA/CD LAN，由以太网发展而来。

802.4 小组：处理令牌总线 LAN。

802.5 小组：处理令牌环 LAN。

其他 802 小组处理 MAN 和安全性等问题。

DIX 集团虽已推出以太网规范，但还不是国际公认的标准，1982 年 12 月，新的 IEEE 802.3 草稿标准产生了，1983 年该草稿最终以 IEEE10 BASE5 面世。1984 年美国联邦政府以 FIPS PUB107 的名字采纳 802.3 标准，1989 年 ISO 以标准号 IS 88023 采纳 802.3 以太网标准，至此，IEEE 标准 803.3 正式得到国际上的认可。

1.1.1.3 10BASE-T 标准化

20 世纪 80 年代中期，个人计算机在应用程序驱动下蒸蒸日上，人们希望共享昂贵的激光打印机来印刷电子表格和台式印刷出版物，这都使得网络十分畅销。与此同时，一个能在无屏蔽双绞线（UTP）上以 10MBit/s 全速运行的以太网——10BASE-T 的面世使得以太网再度掀起高潮。

最初以太网采用的是粗同轴电缆。20 世纪 80 年代初期，光缆引起轰动，Xerox 公司决定在光缆上运行以太网，公司的光缆以太网工程负责人 Rawson 和 Schmidt 发现以太网的确能在光缆上运行，但只能是星形结构，而不是典型的以太网总线形拓扑结构。1985 年，Schmidt 又将光缆以太网硬件改变成在屏蔽双绞线（STP）上运行，但由于 STP 价格昂贵且笨重，此后他又做了一些实验，证明以太网可以在 UTP 上运行。

1986 年，SynOptics 公司开始研究在 UTP 电话线上运行 10MBit/s 以太网，LATTIS NET 作为 SynOptics 的第一个产品，于 1987 年 8 月正式投放市场。除了 SynOptics 公司的 LATTIS NET 方案外，也有很多其他具有竞争力的提案，比如著名的 3Com/DEM 提案。与此同时，IEEE 802.3 工作组也在讨论在 UTP 上实现 10MBit/s 以太网的最佳方法，最终 IEEE 确定以改进型的 SynOptics LATTIS NET 技术与 HP 多端口中继器方案为基础来制定标准。

1990 年秋，IEEE 802.3i/10BASE-T 标准正式通过。以太网开始越来越像电话系统，都采用星形布线结构，都有设在布线室的中央交换机和连到每个节点的专用线。星形布线结构的出现是以太网发展史上的伟大里程碑。

1.1.1.4 交换式以太网

在 20 世纪 80 年代末，不同的市场因素对快速网络基础结构的需求与日俱增，主要包含以下几个方面：

（1）独立的 PC 被连接到现有网络中，市场上新型 PC 越来越多，导致较高信息流量。

（2）使用图形用户界面的、功能强大的 PC 机越来越多，造成了较高的有关图形的网络负载。

（3）多 LAN 链接在一起，共享以太网依赖于所有用户共享介质的单个链接，在这种链接方式中，一次只有在一处地点的一个网络可以发送。由于较多的用户争用有限的同一带宽，因此将这些不同的局域网链接在一起导致了信息流量的激增。

由于两端口网桥（只连接两个 LAN）有着和以太网本身一样长的历史，它能使信息流量受控，因此它在连接 LAN 上受到大家推崇。然而到 20 世纪 80 年代末一种新型网桥——智能型多端口网桥开始出现，众公司都纷纷开始出售智能型多端口网桥，在 1990 年，一个完全不同的网桥——Kalpana EtherSwitch EPS-700 面世。

EtherSwitch 与当时的绝大多数网桥有很大不同，主要在于以下几个方面：

（1）EtherSwitch 是一种同时提供多条数据传输路径的结构体系，和电话交换机相似，可使整体吞吐量显著提高。

（2）EtherSwitch 使用一种名为"直通转发"（cut-through）的不同于使用存储、转发技术的常规网桥的新桥接技术。通过这种 Switch，可使延迟时间降低一个数量级。

几乎在一昼夜间，EtherSwitch 开辟了一个新的市场领域——网络交换机。

1.1.1.5　快速以太网

1993 年，Kalpana 公司创造了另一项突破——双全工以太网。常规的共享介质以太网只以半双工模式工作，网络在同一时间只发送数据，或者接收数据，而不能同时发送和接收数据。但全双工可同时满足发送和接收，这在理论上可以使传输速度提高一倍。

网络交换机虽然是降低网络通信拥挤的最佳设备，但每个以太网交换机只能为每个端口提供 10MBit/s 的最大流通量。1992 年 9 月，Grand Junction 公司正式对外发布研制 100MBit/s 以太网的新闻。

1992 年，IEEE 802 工程组召开全体会议，其中一项议程就是高速以太网，会上提出两个技术方案：一个方案是由 Grand Junction 网络公司提出的，该方案建议保留现行的以太网协议，得到了 3Com 公司、Sun 微系统公司和 SynOptics 公司的支持；第二个方案来自 HP 公司，该方案建议采用 100MBit/s 传输的完全新型的 MAC（介质访问控制）协议。这次会议标志着"快速以太网之战"拉开了序幕。

1993 年，IEEE 的高速以太网研究小组继续其 100MBit/s 的标准化工作。各种各样的建议都在酝酿之中，为了打破 802.3 工作组是采纳 HP 提出的新 MAC 方案还是保留原以太网的 CSMA/CDMAC 协议的僵局，IEEE 为优先级请求存取法任命一个名为 802.12 的新工作组。1995 年 3 月，100MBit/s 的以太网标准——IEEE 802.3u 规范被执委会所通过，宣告快速以太网时代的来临。到 1995 年末，各厂家不断推出新的快速以太网产品，快速以太网达到了它的鼎盛时代。

1.1.1.6　千兆以太网

1996 年 3 月，IEEE 组建了 802.3z 工作组，负责研究每秒 1 千兆比特速率的以太网，并制定相应的标准。很快，一些快速以太网原来的支持者和某些新的发起者组成了"千兆位以太网联盟（GEA）"，其中包括 11 家公司，它们是 3Com、BayNetworks、Cisco、Compaq、Granite Systems、Intel、LSI Logic、Packet Engines、Sun Microsystem、UB Networks 和 VLSI Technology。1996 年 4 月，另外 28 家公司也加入该联盟，其中包括 Hewlett-Packard（HP）公司。

千兆以太网的关键是利用交换式全双工操作构建主干网和连接超级服务器及工作站，千兆以太网也被称为 1000BASE-F，表示在光纤介质上以 1000MBit/s 的速率传输。千兆以太网还支持半双工/转发的局域网和铜芯电缆，但要求网络直径为 20~25m。

以太网的传输速度从 10MBit/s 发展到 100MBit/s、1000MBit/s，到现在光纤中它的传输速度已经可以达到 40GBit/s，其发展进程如图 1.2 所示。除了传输速度的快速发展，以太网还因其结构简单、成本低廉、带宽易于扩展及具有较高的兼容性等诸多优点，在激烈的局域网市场竞争中脱颖而出，取得了局域网市场的垄断地位。目前，以太网是局域网采用的最通用的通信协议标准，据统计，全球有 85% 的网络采用以太网技术。

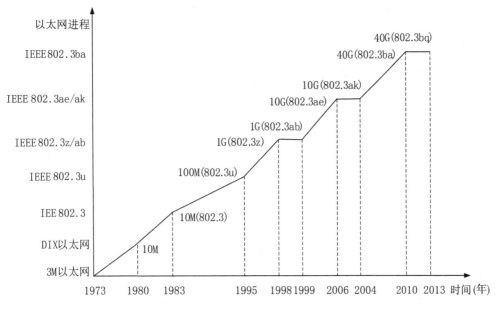

图 1.2　以太网发展进程

1.1.2　交换机发展过程

1.1.2.1　程控交换机

　　人工交换电信号的历史应当追溯到电话出现的初期。当电话被发明后，只需要一根足够长的导线，加上末端的两台电话，就可以使相距很远的两个人进行语音交谈。电话增多后，要使每个拥有电话的人都能相互通信，就不可能在每两台电话机之间拉上一根线。于是人们设立了电话局，每个电话用户都接一根线到电话局的一个大电路板上。当 A 希望和 B 通话时，就请求电话局的接线员接通 B 的电话。接线员用一根导线，一头插在 A 接到电路板上的孔，另一头插到 B 的孔，这就是"接续"，这时双方就可以通话了。当通话完毕后，接线员将电线拆下，这就是"拆线"。整个过程就是"人工交换"，它实际上就是一个"合上开关"和"断开开关"的过程。因此，把"交换"译为"开关"从技术上讲更容易让人理解。

　　人工交换的效率太低，不能满足大规模部署电话的需求。随着半导体技术的发展和开关电路技术的成熟，人们发现可以利用电子技术替代人工交换。电话终端用户只要向电子设备发送一串电信号，电子设备就可以根据预先设定的程序，将请求方和被请求方的电路接通，并且独占此电路，不会与第三方共享，这种交换方式被称为"程控交换"，而这种设备也就是"程控交换机"。

　　由于程控交换技术长期被发达国家垄断，设备昂贵，我国的电话普及率一直不高。随着当年华为、中兴通讯等企业陆续自主研制出程控交换机，使得电话在我国得到迅速地普及。

不论是人工交换还是程控交换，都是为了传输语音信号，是需要独占线路的"电路交换"。

1.1.2.2　以太网交换机

随着计算机及其互联技术的迅速发展，以太网成为迄今为止普及率最高的短距离二层计算机网络，而以太网的核心部件就是以太网交换机。

从 1989 年第一台以太网交换机面世至今，经过近 30 年的快速发展，以太网交换机在转发性能上有了极大提升。早期的以太网设备如集线器是物理层设备，不能隔绝冲突扩散，限制了网络性能的提高，交换机作为一种能隔绝冲突的二层网络设备，极大地提高了以太网的性能。端口速率从 10M 发展到了 40G，单台设备的交换容量也由几十 MBit/s 提升到了几十 TBit/s。凭借着"高性能、低成本"等优势，以太网交换机已经成为应用最为广泛的网络设备。如今的交换机早已突破当年桥接设备的框架，不仅能完成二层转发，也能根据 IP 地址进行三层硬件转发，甚至还出现了工作在四层及更高层的交换机。

根据交换机工作的协议层次，可将交换机划分为：二层交换机、三层交换机和多层多业务交换机，下面以此来回顾交换机的发展历程。

1. 交换机前身——集线器

集线器(Hub)工作于 OSI(开放系统互联参考模型)参考模型第一层，即"物理层"，其主要功能是对接收到的信号进行再生整型再放大，以扩大网络的传输距离，同时把所有节点集中在以它为中心的节点上。

由于集线器收到报文会向所有端口转发，且同时只能传输一个数据帧，通过集线器相连的所有主机处于同一个冲突域中，这也意味着集线器所有端口都要共享同一带宽，当有多台主机同时发送数据报文时，大量的冲突将导致性能显著下降。

以集线器为核心构建的网络是共享式以太网的典型代表，严格来说，集线器不属于狭义上的交换机范畴，但由于集线器在网络发展初期具有举足轻重的作用，在很长时间内占据着目前接入交换机的应用位置，因此往往也被看成是第一层交换机。就以太网设备而言，交换机和集线器的本质区别就在于：当 A 发信息给 B 时，如果通过集线器，则接入集线器的所有网络节点都会收到这条信息(以广播形式发送)，再通过网卡在硬件层面过滤掉不是发给本机的信息；而如果是通过交换机，除非 A 通知交换机广播，否则发给 B 的信息 C 绝不会收到。

2. 二层交换机

交换机是在多端口网桥的基础上逐步发展起来的，Kalpana 公司在 1989 年发明了第一台以太网交换机，EtherSwitch EPS-700，对外提供 7 个固定端口。

最初的交换机是完全符合 OSI 定义的层次模型的，工作在 OSI 模型的第二层(数据链路层)，因此也被称为二层交换机。二层交换机识别数据帧中的 MAC 地址信息，主要根据 MAC 地址选择转发端口，算法相对简单，便于 ASIC 芯片的实现，转发性能极高。交换机的出现，解决了集线器的冲突域问题，使得以太网从"共享式"步入了"交换式"时代，大大提高了局域网的性能。

3. 三层交换机

在引入 VLAN 之前，交换机只能隔离冲突域，而不能分割广播域。然而在 TCP/IP 协议栈进行通信时，广播或组播类型的协议报文会被广泛使用，如 ARP/RIP/DHCP 等协议。如果整个网络只有一个广播域，一旦发出广播报文，就会传遍整个网络，这样不仅会影响网络带宽，而且还会给网络中的主机带来额外的负担。

随着时间的推移，网络由最初的军事、科研用途逐渐融入人们的日常生活，网络用户数急速提升，广播域带来的问题愈发明显。虽然 VLAN 在交换机上能够实现广播域的隔离，但 VLAN 之间的转发还是要通过路由器来完成。相对于交换机而言，路由器不仅价格昂贵，而且性能较差，无法满足大量用户对大带宽的需求，人们呼唤能工作在 ISO 模型第三层的交换机，在满足客户需求的同时继续保持"高性能、低成本"的传统优势。

三层交换机的发展经历了一个小插曲。由于早期的 ASIC 芯片无法独立完成三层转发的完整功能，2002 年左右出现的三层交换机采用了广为流传的"一次路由多次交换"技术，逻辑上可以看成在原有二层交换机之上"扣了一个三层的帽子"，因此对外表现为"弱三层、强二层"的特点。但随着芯片技术的发展，很快 ASIC 芯片支持了硬件路由查找功能，真正实现了全硬件三层转发，因此，最终三层交换机只是昙花一现，很快被全硬件三层转发的交换机所取代。为了避免与前期的"三层交换机"相混淆，支持全硬件三层转发的交换机往往也称为路由交换机。

4. 多业务交换机

近年来，尤其是万兆以太网出现后，语音、视频、游戏等高带宽业务逐步开始普及，这些业务的开展和部署对网络设备的要求已经不仅仅是完成数据的连通，还提出了一些新的需求，比如安全性、可靠性、服务质量（QoS）等。同时为了降低组网成本，简化管理维护，网络设备的功能出现了融合的趋势，这就催生了交换机支持多层转发，融合增值业务的能力。

由于受 ASIC 芯片能力的限制，当前的多业务交换机采用了基本二、三层业务"叠加"上层增值业务的混合模型，在组网应用时对外呈现为多台物理设备，本质上是多台设备安装在同一机框内，没有实现真正的融合。因此，这种混合模型的多业务交换机距离客户心目中期望的真正多业务交换机还有一定差距。

几代交换机的对比如表 1.1 所示。

表 1.1　　　　　　　　　　　　　　　几代交换机的对比

类别	转发硬件	典型产品	主要应用场景
集线器	ASIC	3Com 3C16410 集线器 Cisco1538 集线器	共享式局域网
二层交换机	ASIC	Cisio 2960 系列交换机 Huawei S5700-LI 系列交换机	小型局域网
三层交换机	ASIC	Cisio 3750X 系列交换机 Huawei S5700-LI 系列交换机	中小型局域网
多业务交换机	ASIC+多核 CPU	Cisio 6500 系列交换机 Huawei S5700-LI 系列交换机	各类园区网、城域网

5. 工业以太网交换机

工业控制网络不断增长的网络复杂度对网络拓扑结构设计的网络服务质量保障提出了挑战。工业以太网交换机作为构建系统网络的硬件设备，决定了工业自动化网络对连接设备所提供的服务性能水平。工业以太网交换机应用于工业控制领域，在技术上能与商用以太网交换机兼容，但在材质的选用、产品的强度、适用性以及实时性、可互操作行、可靠性、抗干扰性、安全性、环境适应性、安装使用方面应能满足工业现场的需要。

工业以太网交换机因其能满足严酷的工业现场需要，故广泛应用于物联网、工业自动化控制系统、信息智能化管理系统、电力系统、医疗设备系统、金融系统、轨道交通、石化行业、安防系统等领域。

6. 新一代交换机发展期望

近几年来，云计算、BYOD 移动办公、SDN、物联网、视频以及大数据等新概念层出不穷，引发了对高密度、高性能、更灵活、更大规模以太网的需求，由此引发了新一轮以太网交换技术的革命性发展。

光交换是人们正在研究的下一代交换技术。目前所有的交换技术都是基于电信号的，即使是目前的光纤交换机也是先将光信号转为电信号，经过交换处理后，再转回光信号发到另一根光纤。由于光电转换速率较低，同时电路的处理速度存在物理学上的瓶颈，因此人们希望设计出一种无须经过光电转换的"光交换机"，其内部不是电路而是光路，逻辑原件不是开关电路而是开关光路。这样将大大提高交换机的处理速率。

总体来说，新业务环境对以太网交换机的期望集中在以下几个方面：

(1)完全可编程能力。业务灵活性是当前交换机面临的最大挑战。为了增加交换机的业务灵活性，厂商往往采用可编程 ASIC 技术实现多业务能力，但可编程 ASIC 仅具备部分可编程能力，如自定义报文解析，带来的业务灵活性非常有限，无法完全满足快速多变的业务需求。因此未来的交换机必须具备完全可编程能力才能满足快速变化的业务需求。用户通过升级软件的方式即可支持新业务，而无须更换硬件，保护客户的前期投资。

(2)高度"一体化"。从最早的交换、路由功能融合，到运营商的 Triple-Play 三网合一(语音、数据、数字电视)，再到数据中心的三网合一(计算、存储、通信)，网络功能的融合一直是个大趋势，而这背后的推动力都是为了降低组网成本，简化管理维护。

(3)超大硬件表项资源。到 2015 年，连接到 Internet 上的应用终端达到 33 亿，其中70%以上是物联网应用，而随着物联网 One M2M 标准组织的建立，IPv6 应用将进一步在能源、电力、交通等行业扩张。物联网带来了无限连接需求，要求网络设备必须具备更大的表项规格，以适应网络 5~10 年的扩张能力。

(4)强大的 QoS 能力。如何保证网络应用端到端的 QoS 一直是交换机面临的重大挑战。进入富媒体时代后，网络上承载着大量的实时视频类业务，不仅需要较大的网络带宽，而且对网络的时延和丢包率有着很高的要求。而 IP 网络的一个重要特点就是流量的不确定性和突发性，为了避免大量丢包引入的时延和额外带宽开销，要求网络设备具备一定的吸纳突发流量的能力和精细化的队列调度能力。

此外，网络级 QoS 检测和呈现，一直是 IP 网络的一个难点。在新部署业务时，用户要能够准确判断当前网络是否满足需求；由于网络质量是动态的，在业务运行期间，用户还需要及时感知网络质量的变化情况，并及时做出响应，比如切换到备份链路。

1.2 以太网基础简介

1.2.1 以太网简介

以太网不是一种具体的网络，而是一种计算机协议。它定义了在局域网(LAN)中采用的电缆类型和信号处理方法。以太网采用 CSMA/CD 访问控制法，包括标准的以太网(10Mbit/s)、快速以太网(100Mbit/s)、10G(10Gbit/s)以太网和40G(40Gbit/s)以太网，它们都符合 IEEE 802.3，连入以太网的计算机通过以太网帧相互传递信息。

1.2.1.1 以太网帧格式

以太网信息传输存在的基本形式是以太网帧，它是以太网通信传输信号的基本单元。常见的以太网帧格式有两种标准：以太网 V2 标准(DIX Eternet V2 标准)和 IEEE 的 802.3 标准。其中以太网 V2 标准是 DIX 于 1979 年研制的行业标准，802.3 标准为 IEEE 于 1981 年规定的国际标准。

以太网常用的帧格式如图 1.3 所示，主要由 5 个字段组成：

Destination Address	Source Address	Type / Length	Data	FCS

图 1.3 以太网帧格式

(1)目的地址(destination address, DA)：占用 6 个字节，以太网帧的目的 MAC 地址。可以是单址、多址或全地址。当目的地址出现多址时，表示该帧被一组站同时接收，称为"组播"(multicast)，目的地址出现全地址时，表示该帧被局域网上所有站同时接收，称为"广播"(broadcast)。通常以 DA 的最高位来判断地址的类型，若第一字节最低位为"0"则表示单址，第一字节最低位为"1"则表示组播，若第一字节全为"1"则表示广播。

(2)源地址(source address, SA)：占用 6 个字节，以太网帧的源 MAC 地址及发送端地址。

(3)类型/长度(TYPE/length)：占用 2 个字节，在这个字段中 IEEE 802.3 标准与 V2 标准有所不同，IEEE 802.3 标准将 V2 标准中的协议类型(TYPE)字段替换成了帧长度(length)字段。

当这个字段数大于十六进制 0x0600 时，通常为 V2 标准，表示类型，用来标记上一层使用的是什么协议，方便将接收到的 MAC 帧中的数据交给该协议处理。当字段数小于等于十六进制数 0x0600 时，通常为 IEEE 802.3 标准，表示长度，是指本字段以后的本数据帧的字节数。

(4)数据字段(date)：最小为 46 字节，最大为 1500 字节。当数据小于 46 个字节时，

9

必须对数据字段进行填充，使其长度至少达到 46 个字节。

（5）帧检验序列(frame check sequence，FCS)：占用 4 个字节，采用 32 位 CRC 循环冗余校验对从目标 MAC 地址字段到数据字段的数据进行校验。最后接收站形成的检验和若与帧的检验和相同，则表示传输的帧未被破坏；反之，接收站认为帧被破坏，则会通过一定的机制要求发送站重发该帧。

1.2.1.2　载波侦听多路访问/冲突检测(CSMA/CD)

以太网的核心思想是多个主机共享公共的传输通道，在电话通信中采用了时分、频分和码分等思想，使多个用户终端共享公共的传输通道。但是在数据通信中数据是突发性的，如果占用固定时隙、频段或者信道进行数据通信，会造成资源上的浪费。

如果多个主机共享公共的传输通道而不采取任何措施，必然会产生碰撞和冲突，CSMA/CD 正是为解决多个主机争用公共传输通道而制定。

1. 载波侦听多路访问(CSMA)

每个以太网帧(MAC 帧)均有源主机和宿主机物理地址，当网上某台主机要发送 MAC 帧时应先监听信道，如果信道空闲则发送；如果发现信道上有载波则不发送，等信道空闲时立即发送或延迟一个随机的时间发送，从而大大减少碰撞次数。

2. 碰撞检测(CD)

在一般情况下，当总线上的信号摆动超过正常值时，即认为发生冲突，但这种检测思路容易出错。信号在线路上传输时存在衰耗，当两个主机相距很远时，另一台主机信号到达本地主机时已经很弱了，和本地主机发送的信号叠加时达不到冲突检测幅度时就会出错。为此，IEEE 802.3 标准中限制了线缆长度，目前应用较多的冲突检测方法是主机发送器把数据发送到线缆上，该主机接收机又把数据接收回来和发送数据相比，判别是否一致，若一致则无冲突发生，若不一致则表示有冲突发生。

基于上述载波侦听多路访问/冲突检测机制，当以太网中的一台主机要传输数据时将按如下步骤进行：

（1）监听信道上是否有信号在传输。若有，表明信道处于忙状态，就继续监听，直到信道空闲为止；

（2）若没有监听到任何信号，就传输数据；

（3）传输数据时继续监听，若发现冲突，则执行退避算法，随机等待一段时间后，重新执行步骤(1)（当冲突发生时，涉及冲突的计算机会发送拥塞序列，以警告所有的节点）；

（4）若未发现冲突则发送成功，所有计算机在试图再一次发送数据之前，必须在最近一次发送后等待 9.6μs（以 10MBit/s 运行）。

1.2.1.3　以太网相关网络协议

以太网在 OSI 模型(open system interconnection model)的下两层——数据链路层和物理层上运行。IEEE 802.3 以太网标准规定了 OSI 模型中的第一层以及第二层的 MAC 子层，OSI 模型也为以太网提供对应的参考模型。OSI 模型作为以太网协议层的基础，本节将对其及其衍生的 TCP/IP 协议进行详细介绍。

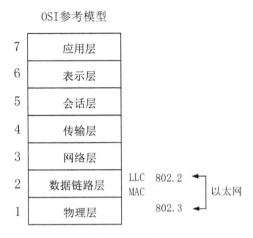

图 1.4 以太网树形拓扑结构

1. ISO-OSI 七层协议

ISO(international organization for standardization)成立于 1947 年 2 月 23 日，是世界上最大的国际化标准组织。OSI 模型是一个由 ISO 提出的用于计算机或通信系统互联的标准体系，又称为 OSI 参考模型或七层模型。

根据分而治之的原则，OSI 将整个通信功能划分为七个层次，分别为：应用层、表示层、会话层、传输层、网络层、数据链路层、物理层(图 1.4)。其中前三层主要是为用户服务，不传输数据，用于控制软件；后四层用来传输数据，用于管理硬件。OSI 中每一层具有不同的的作用，各层功能具体如下：

(1)第一层：物理层(physical layer)。

物理层处于 OSI 参考模型的最底层，利用物理传输介质为数据链路层提供物理连接，以便透明的传送 bit 流。其主要功能：

① 规定了激活、维持、关闭通信端点之间的机械特性、电气特性、功能特性以及过程特性；

② 为上层协议提供了一个传输数据的物理媒体，实现节点间的同步。

(2)第二层：数据链路层(link)。

数据链路层由两个独立的部分组成，介质存取控制(media access control，MAC)和逻辑链路控制层(logical link control，LLC)。

MAC 描述在共享介质环境中如何进行站的调度、发送和接收数据。确保了信息跨链路的可靠传输，对数据传输进行同步，识别错误和控制数据的流向。

LLC 管理单一网络链路上的设备之间的通信，IEEE 802.2 标准定义了 LLC。LLC 支持无连接服务和面向连接的服务。在数据链路层的信息帧中定义了许多域。这些域使得多种高层协议可以共享一个物理数据链路。

简单来说，在不可靠的物理介质上提供可靠的传输，将位(bit)封装成帧(frame)，用

11

MAC 地址访问介质，能发现错误但不能纠正。其主要功能：

　　① 用于建立、维持和拆除链路连接，实现无差错传输的功能；

　　② 在点到点或点到多点的链路上，保证报文的可靠传递；

　　③ 对相邻连接的通道进行差错控制、数据成帧、同步等控制。

　　(3)第三层：网络层(network)。

　　网络层通过逻辑地址寻址在源和终点之间建立连接。此外，网络层还可以实现拥塞控制、错误检查等功能。相同 MAC 标准的不同网段之间的数据传输一般只涉及数据链路层，而不同的 MAC 标准之间的数据传输都涉及网络层。例如 IP 路由器工作在网络层，因而可以实现多种网络间的互联。在网络层，数据的单位称为数据包(packet)。网络层主要功能如下：

　　① 利用数据链路层所提供的功能，实现子网间的数据包的路由选择，在两个系统之间建立连接；

　　② 规定有关网络连接的建立、维持和拆除协议。

　　(4)第四层：传输层 (transport)。

　　传输层是第一个端到端，即主机到主机的层次。传输层负责将上层数据分段，并提供端到端的、可靠的或不可靠的传输，还要处理端到端的差错控制和流量控制问题。在这一层，数据的单位称为数据段(segment)。其主要功能：

　　① 对设备之间的数据传输进行流量控制，确保传输设备不发送比接收设备处理能力大的数据；

　　② 多路传输使得多个应用程序的数据可以传输到一个物理链路上；

　　③ 管理虚电路，包括建立、维护和终止虚电路；对经过下三层之后仍然存在的传输差错再次进行纠错，进一步提高数据传输的可靠性。

　　(5)第五层：会话层(session layer)。

　　会话层的协议可以实现发生在不同网络应用层之间的服务请求和服务应答。会话层管理主机之间的会话进程，即负责建立、管理和终止会话进程，还利用在数据中插入校验点来实现数据的同步、访问验证及会话管理等建立和维护应用间通信的机制。其主要功能：

　　① 依照应用进程之间的约定，以正确的顺序收、发数据，进行各种形式的对话；

　　② 管理接收处理和发送处理间的交替变换；

　　③ 在单方向传送大量数据的情况下，创建校验点，使通信发生中断的时候可以返回到以前的一个状态重发。

　　(6)第六层：表示层(presentation layer)。

　　表示层主要解决用户信息的语法表示问题，它将欲交换的数据从适合于某一用户的抽象语法，转换为适合于 OSI 系统内部使用的传送语法。只对应用层的信息进行形式变换，而不会改变其内容本身。其主要功能：

　　① 提供编码和转化的统一表达模式，包括公用数据表示格式、性能转化表示格式、公用数据压缩模式和公用数据加密模式；

　　② 对应用层提供的信息进行编码和转化，确保一个系统应用层发送的信息可以被另一个系统应用层理解识别；

③ 实现数据压缩和解压缩，加密和解密等工作。

（7）第七层：应用层（application）。

应用层为操作系统或网络应用程序提供访问网络服务的接口，是最接近终端用户的 OSI 层，与用户之间可通过应用软件直接相互作用。它包括：文件传送访问和管理 FTAM、虚拟终端 VT、事务处理 TP、远程数据库访问 RDA、制造报文规范 MMS、目录服务 DS 等协议。其主要功能：

① 实现各应用进程之间的信息交换；

② 具有一系列业务处理所需要的服务功能。

2. TCP/IP 协议

ISO 制定的 OSI 参考模型的过于庞大、复杂，与此对照，由技术人员自己开发的 TCP/IP 协议获得了更为广泛的应用。TCP/IP 参考模型和 OSI 参考模型的对比示意图如图 1.5 所示。

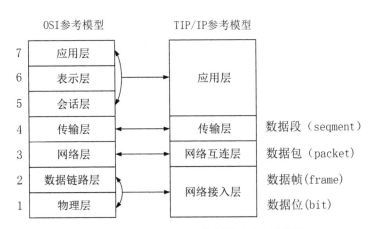

图 1.5　TCP/IP 和 OSI 参考模型对比示意图

TCP/IP 协议族各层的作用如下：

（1）网络接入层。

网络接入层用来处理连接网络的硬件部分。包括控制操作系统、硬件的设备驱动、NIC（network interface card，网络适配器，即网卡），及光纤等物理可见部分（还包括连接器等一切传输媒介）。

（2）网络层（又名网络互连层）。

网络层用来处理网络上流动的数据包。该层规定了通过怎样的路径到达对方计算机，并把数据包传送给对方。与对方计算机之间通过多台计算机或网络设备进行传输时，网络层所起的作用就是在众多的选项内选择一条传输路线。

（3）传输层。

传输层对上层应用层，提供处于网络连接中的两台计算机之间的数据传输。在传输层有两个性质不同的协议：TCP（transmission control protocol，传输控制协议）和 UDP（user data protocol，用户数据报协议）。

（4）应用层。

应用层决定了向用户提供应用服务时通信的活动。TCP/IP 协议族内预存了各类通用的应用服务。例如，FTP(filetransfer protocol，文件传输协议)和 DNS(domain name system，域名系统)服务就是其中两类。

1.2.2　以太网交换设备

在以太网中，当两个或多个站点同时进行数据传输时，数据帧将会完全或部分重叠，进而发生数据冲突(collision)。当冲突发生时，这两个或多个传输操作都将被破坏。冲突是影响以太网性能的重要因素，冲突的存在使得传统的以太网在负载超过 40% 时，效率会明显下降。产生冲突的原因有很多，如同一冲突域中节点的数量越多，产生冲突的可能性就越大。此外，诸如数据分组的长度、网络的直径等因素也会影响冲突的产生，这极大地限制了以太网的可扩展性。因此，当以太网的规模增大时，就必须采取措施来控制冲突的扩散。通常的办法是使用交换设备将一个大的冲突区域分割为若干小冲突域。

1.2.2.1　以太网交换机

1. 交换机的概念和原理

交换是按照通信两端传输信息的需要，用人工或设备自动完成的方法把要传输的信息送到符合要求的相应路由上的技术的统称。广义的交换机就是一种在通信系统中完成信息交换功能的设备。

在计算机网络系统中，交换概念的提出改进了共享工作模式，这种新的工作模式就是共享网络带宽。交换机是一种智能型设备，工作于数据链路层，以 MAC 地址为基础，对帧进行封装转发操作。它拥有一条很高带宽的背部总线和内部交换矩阵。交换机的所有的端口都挂接在这条背部总线上，控制电路收到数据包以后，处理端口会查找内存中的地址对照表以确定目的 MAC(网卡的硬件地址)的 NIC(网卡)挂接在哪个端口上，通过内部交换矩阵迅速将数据包传送到目的端口，目的 MAC 若不存在才广播到所有的端口，接收端口回应后交换机会"学习"新的地址，并把它添加入内部 MAC 地址表中。

交换机可以"学习"MAC 地址，并把其存放在内部地址表中，通过在数据帧的始发者和目标接收者之间建立临时的交换路径，使数据帧直接由源地址到达目的地址。交换机按每一个包中 MAC 地址相对简单地决策信息转发。而这种转发决策一般不考虑包中隐藏得更深的其他信息。与桥接器不同的是交换机转发延迟很小，操作接近单个局域网性能，远远超过了普通桥接互联网络之间的转发特性。

使用交换机可以把网络"分段"，经济的将网络分成小的冲突网域，为每个工作站提供更高的宽带。通过对照 MAC 地址表，交换机只允许必要的网络流量通过交换机。通过交换机的过滤和转发，可以有效地隔离广播风暴，减少误包和错包的出现，避免共享冲突。

以太网交换机可用来连接多个局域网段，在网络设备之间实现无冲突的专用通信。交换机在同一时刻可进行多个端口对之间的数据传输，每一端口都可视为独立的网段，连接在其上的网络设备独自享有全部的带宽，无须同其他设备竞争使用。当节点 A 向节点 D

发送数据时，节点 B 可同时向节点 C 发送数据，而且这两个传输都享有网络的全部带宽，都有着自己的虚拟连接。若这里使用的是 10MBit/s 的以太网交换机，那么该交换机这时的总流通量等于 $2 \times 10MBit/s = 20MBit/s$，而使用 10MBit/s 的共享式集线器时，一个集线器的总流通量不会超出 10MBit/s。

2. 交换机的交换模式

交换机通过直通转发（cut through）、存储转发（store and forward）、无碎片转发（fragment free）三种模式进行交换。

（1）直通转发：交换机在接收数据帧的时候，一旦检测到目的地址就转发此帧。转发延迟短，但错误率高。

（2）存储转发：交换机接收完整个数据帧，并在 CRC 校验通过后，才转发此帧。如果 CRC 校验失败，即数据帧有错，丢弃此帧。错误率低，但转发延迟长。

（3）无碎片转发：交换机在接收数据帧时，在收到第 64 字节后才开始转发，此方式下，转发延迟介于前两者之间。其优点在于可以避免碎片冲突，缺点是不能检测其他错误帧。

3. 交换机的架构

随着网络用户的增加和宽带的扩大，交换机的结构也在不断地发展，从推出的时间看，交换架构主要经历了总线型和 Cross Bar 两个阶段。但由于以太网技术的发展在日渐精进，因此这两种架构的交换机目前都活跃在市场上。

（1）总线型交换架构。

基于总线结构的交换机一般分为共享总线型和共享内存型总线两大类。

共享内存结构的交换机使用大量的高速 RAM 存储输入数据，同时依赖中心交换引擎提供全端口的高性能链接，由核心引擎检查每个输入包以决定路由。这类交换机设计上比较容易实现，但在交换机容量扩展到一定程度时，内存操作会产生延迟；另外，在这种设计中，由于总线互联的问题增加冗余交换，引擎相对比较复杂。当这种交换机提供双引擎时，很难保证良好的稳定性。所以我们可以看到，早期在市场上推出的核心交换机往往都是单引擎，随着交换机端口的增加，需要内存容量更大，速度也更快，中央内存的价格变得很高。交换引擎会成为性能实现的瓶颈。

（2）Cross Bar+共享内存架构。

Cross Bar（即 Cross Point）被称为交叉开关矩阵或纵横式交换矩阵。它能很好地弥补共享内存模式的一些不足。

首先，Cross Bar 实现相对简单。共享交换机架构中的线路卡到交换结构的物理连接简化为点到点连接，实现起来更加方便，从而更容易保证大容量交换机的稳定性；其次，Cross Bar 内部无阻塞，只要同时闭合多个交叉节点（Cross Point），多个不同的端口就可以同时传输数据。从这个意义上，我们认为所有的 Cross Bar 在内部是无阻塞的，因为它可以支持所有端口同时线速交换数据。另外，由于其简单的实现原理和无阻塞的交换结构使其可以运行在非常高的速率上，半导体厂商目前已经可以用传统的 CMOS 技术制造出 10Gbit/s 以上速率的点对点串行收发芯片。

由于业务板总线上的数据都是标准的以太网帧，而一般 Cross Bar 都采用信元交换的模型来体现 Cross Bar 的效率和性能。因此在业务板上采用共享总线的结构，在一定程度上影响 Cross Bar 的效率，整机性能完全受限于交换机网板 Cross Bar 的性能。但这种结构依然会存在业务板总线和交换机网板的 Cross Bar 互联问题。由于业务板总线上的数据都是标准的以太网帧，而一般的 Cross Bar 都采用信元交换的模型来体现 Cross Bar 的效率和性能。因此在业务板上采用共享总线的结构，在一定程度上影响 Cross Bar 的效率，整机性能完全受限于交换机网板 Cross Bar 的效率，整机性能完全受限于交换机网板 Cross Bar 的性能。

（3）分布式 Cross Bar 架构。

核心交换机的交换容量现已发展到了几百个 GBit/s，同时支持多个万兆接口，并规模应用在城域网骨干和园区网核心。分布式的 Cross Bar 架构很好地解决在新的应用环境下核心交换机所面临的高性能灵活性的挑战。

除了交换网板采用了 Cross Bar 架构之外，在每个业务板上也采用了 Cross Bar+交换芯片的架构，在业务板上加交换芯片可以很好地解决本地交换的问题，而在业务板交换芯片和交换网板之间的 Cross Bar 芯片解决了把业务板的业务数据信元化问题，从而提高了交换效率，并且使得业务板的数据类型和交换网板的信元成为两个平面，可以支持非常丰富的业务板，比如可以把防火墙、IDS 系统、路由器、内容交换、IPv6 等类型的业务整合到核心交换平台上，从而大大提高了核心交换机的业务扩充能力。

1.2.2.2　其他交换设备

1. 集线器（Hub）

集线器就像一个星型结构多端口转发器，每个端口都具有发送和接收数据的能力，当某个端口收到连在该端口上的主机发来的数据时，就转发至其他端口，在数据转发的每个端口都对它进行再生、整形并重新定时。

集线器可以互相串联形成多级星型结构，但相隔最远的两个主机受最大传输延时限制，因此只能串联几级。当连接主机数量过多时，总线负载很重，冲突将频频发生，导致网络利用率下降。集线器与交换机的差异如表 1.2 所示。

表 1.2　　　　　　　　　　　　交换机与集线器的差异

类别	交换机	集线器
OSI 模型位置	数据链路层	物理层
冲突	分割冲突域	同属一个冲突域
带宽	各个设备独享宽带	所有设备共享宽带
地址存储	能学习 MAC 地址	无

2. 网桥

网桥工作在 OSI 七层模型的链路层，当一个以太网帧通过网桥时，网桥检查该帧帧源和目标 MAC 地址。如果这两个地址分别属于不同网络，则网桥将该 MAC 帧转发到各个网络上，反之不转发。所以网桥具有过滤和转发 MAC 帧功能，能起到网络间的隔离作用，对共享型网络而言，网络间隔意味着提高了网络的有效带宽。网桥最简单的形式是连接两个局域网两端端口，在多个局域网互联时为了不降低网络有效带宽，可采用多端口网桥或者以太网交换机。

3. 路由器

路由器的主要工作就是为经过路由器的每个数据包寻找一条最佳传输路径，并将该数据有效地传送到目的站点。在路由器中存放着庞大而复杂的路由表，路由表就像我们平时使用的地图一样，标识着各种路线，路由表中保存着子网的标志信息、网上路由器的个数和下一个路由器的名字等内容，路由器能根据网络拓扑、负荷改变及时维护该路由表。当路由器找不到某端口输入包对应输出端口时，即删除该包。路由器废除了广播机制，可以抑制广播风暴。路由器与交换机的差异如表 1.3 所示。

表 1.3　　　　　　　　　　　　　交换机与路由器的差异

类别	交换机	路由器
OSI 模型位置	数据链路层	网络层
寻址方式	MAC 地址	IP 地址
广播域	同属一个广播域	分割广播域
速度	硬件实现，快	软件实现、功能强大，慢

4. 网关

网关工作在 OSI 七层模型的对话层、表示层和应用层。网关又被称为协议转化器，用于不同协议类型的网络，能重新对信息数据进行打包，或者改变其语法，使其符合目的系统的要求，即具有高层协议转换功能。

网关可以被分为协议网关、应用网关、安全网关等，其中，安全网关是保证从一个网络到另一个网络实现网络间安全通信的接入点设备。

1.2.3　以太网关键技术

1.2.3.1　虚拟局域网 VLAN

1. VLAN 的产生及特点

随着以太网技术的普及，以太网的规模也越来越大，从小型的办公环境到大型的园区网络，网络管理变得越来越复杂。前文中介绍，为了解决传统以太网的冲突域问题，采用交换机将网络分割成多个冲突域以增强网络服务。但是，交换机虽然能解决冲突域问题，却不能克服广播域问题。例如，一个 ARP 广播就会被交换机转发到与其相连的所有网段中，当网络上有大量这样的广播存在时，不仅是对带宽的浪费，还会因过量的广播产生广播风暴。当交换网络规模增加时，网络广播风暴问题还会更加严重，甚至可能因此导致网络瘫痪。

另外，在传统的以太网中，同一个物理网段中的节点也就是一个逻辑工作组，不同物理网段中的节点是不能直接相互通信的。这样，当用户由于某种原因在网络中移动但同时还要继续原来的逻辑工作组时，就必然会需要进行新的网络连接甚至重新布线。

为了解决上述问题，交换机提供了一种称为虚拟局域网（virtual local area network，VLAN）的广播域分段方法。虚拟局域网以局域网交换机为基础，一个 VLAN 是跨越多个物理 LAN 网段的逻辑广播域，人们设计 VLAN 来为工作站提供独立的广播域，这些工作站是依据其功能、项目组或应用的物理位置而逻辑分段的。VLAN 最大的特点是在组成逻辑网时无须考虑用户或设备在网络中的物理位置，可以在一个交换机或者跨交换机实现。

1996 年 3 月，IEEE 802 委员会发布了 IEEE 802.1Q VLAN 标准。在 IEEE 802.1Q 标准中对虚拟局域网进行定义：虚拟局域网是由一些局域网网段构成的与物理位置无关的逻辑组，而这些网段具有某些共同的需求。每一个虚拟局域网的帧都有一个明确的标识符，指明发送这个帧的工作站是属于那一个 VLAN。利用以太网交换机可以很方便地实现虚拟局域网。虚拟局域网只是局域网给用户提供的一种服务，并不是一种新型局域网。

2. VLAN 的性能特点

采用 VLAN 后，在不增加设备投资的前提下，可在许多方面提高网络的性能，简化网络的管理。其优点具体表现在：

（1）安全性。一个 VLAN 里的广播帧不会扩散到其他 VLAN 中。VLAN 的数目及每个 VLAN 中的用户和主机是由网络管理员决定的。网络管理员通过将可以相互通信的网络节点放在一个 VLAN 内，或将受限制的应用和资源放在一个安全 VLAN 内，能有效限制广播组或共享域的大小。

（2）管理灵活性。可以不受网络用户的物理位置限制而根据用户需求进行网络逻辑，如同一项目或部门中的协作者，功能上有交叉的工作组，共享相同网络应用或软件的不同用户群。另外，由于 VLAN 可以在单个交换机或跨交换机实现，会大大减少在网络中增加、删除或移动用户时的管理开销。

（3）基于第二层的通信优先级服务。在千兆以太网中，基于与 VLAN 相关的 IEEE 802.1P 标准可以在交换机上为不同的应用提供不同的服务，如传输优先级等。

由此可见，虚拟局域网是交换式网络的灵魂，其不仅从逻辑上对网络用户和资源进行有效、灵活、简便管理提供了手段，同时还提供了极高的网络扩展和移动性。

3. VLAN 的划分策略

VLAN 的划分策略基本有以下几种：基于端口划分、基于 MAC 地址划分以及基于网络层协议划分。

（1）基于端口划分 VLAN。

基于端口划分 VLAN 策略是最广泛的、最简单有效的，它由网络管理员根据以太网交换机的端口进行静态的 VLAN 分配，其将一直保持不变直到网络管理员改变配置，所以又被称为静态 VLAN。物理交换机的端口被划分成为多个逻辑组，每一个逻辑组构成一个虚拟局域网，并且具有传统局域网的功能，每一个逻辑组都相对独立。也就是说，交换机某些端口链接的主机在一个广播域内，而另一些端口链接的主机在另一广播域，VLAN 和端口链接的主机无关。这种方式的 VLAN，要求交换机对接点的 MAC 地址和交换机端口进行跟踪，在新接点入网时，根据需要将其划归至某一个 VLAN。

如图 1.6 所示，假定指定交换机的端口 1、3、5 属于 VLAN2，端口 2、4 属于 VLAN3，此时主机 A、主机 C、主机 E 在同一 VLAN，主机 B 和主机 D 在另一个 VLAN 下。如果将主机 A 和主机 B 交换连接端口，则 VLAN 表仍然不变，而主机 A 变成与主机 D 在同一 VLAN。基于端口的 VLAN 配置简单，网络的可控性强。但缺乏足够的灵活性，当用户在网络中的位置发生变化时，必须由网络管理员将交换机端口重新进行配置。所以静态 VLAN 适用用户或设备位置相对稳定的网络环境。

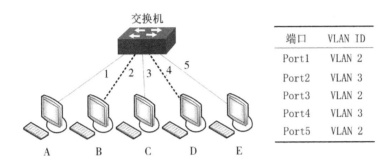

图 1.6 基于端口的 VLAN 划分/VLAN 映射简化表

（2）基于 MAC 地址划分 VLAN。

基于 MAC 地址划分 VLAN 策略是基于设备的 MAC 地址，根据设备网卡上的 MAC 地址确定其属于哪一个逻辑组。基于 MAC 地址划分的 VLAN，其组内的成员发生物理位置的变化而不影响其所属 VLAN 的成员身份，VLAN 不需要进行重新配置。分配给同一个 VLAN 的所有主机共享一个广播域，而分配给不同 VLAN 的主机将不会共享广播域。这种划分策略不适合于大型的网络，初始化时，所有的用户必须进行配置，如果用户太多，配饰会非常繁琐。另外当设备的网卡进行更换时，其上的 MAC 地址会发生改变，VLAN 需要进行重新配置。

（3）基于网络层协议划分 VLAN。

基于网络层协议划分 VLAN 策略是基于网络层的 IP、DECnet 等协议来划分逻辑组。由此策略划分的 VLAN 可以包含多个交换机，因其组内成员的物理位置发生迁移，并不会影响其所属 VLAN 的成员身份，因此 VLAN 不需要进行重新配置。采用这种划分策略，网络管理员能够根据特定的服务以及应用来划分逻辑组，VLAN 的识别也不会用到额外的帧标签。但这种划分策略，会对每一个报文的网络地址进行查看，占用时间，从而造成效率低下。

1.2.3.2 生成树协议

为了防止因为一个点的失败而导致整个网络功能的丢失，在由交换机构成的交换网络中通常设计有冗余链路和设备。虽然冗余设计能够消除单点失败的问题，却也产生了交换回路，进而导致广播风暴、同一帧多次拷贝、MAC 地址表不稳定等问题。生成树协议

19

（spanning tree protocol，STP）的意义就在于在通过创造一棵自然树的方法达到裁剪冗余环路的目的，同时实现链路备份和路径最优化。

1. 生成树协议的基本原理

为实现生成树协议，网络中的交换机必须能够相互了解交换机之间的连接情况，每台交换机在规定的间隔内向网络中发送网桥协议数据单元（BPDU），也被称为配置消息。BPDU 的数据区携带了用于生成树计算的所有有用的信息，所有支持 STP 协议的交换机都会接收并处理收到的 BPDU。

如果网络中的某台交换机能够从两条或者多条链路上收到同一台交换机的 BPDU，则说明它们之间存在着冗余路径，就会产生环路。当存在环路时，交换机则使用生成树算法选择一条链路传递数据，并把某些相关的端口置于阻塞状态以将其他的链路虚拟地断开，消除环路。当某个端口长时间收不到 BPDU 时，交换机会认为端口的配置超时，网络拓扑可能发生改变，将重新计算生成一棵树。

2. 生成树协议的基本概念

（1）根交换机。

根交换机在全网中只有一个，且会根据网络拓扑结构的变化而变化。当网络收敛后，根交换机会按照一定的时间间隔产生并向外发送配置 BPDU，其他的交换机对该配置的 BPDU 进行转发，从而保证拓扑结构的稳定。

（2）根端口。

根端口是非根交换机上离根交换机最近的端口。根端口负责与根交换机进行通信。非根交换机上有且只有一个根端口，根交换机上没有根端口。

（3）指定交换机与指定端口。

对于一台交换机而言，指定交换机是与本交换机直接相连且负责向本交换机转发 BPDU 报文的设备，指定端口为指定交换机向本机转发 BPDU 报文的端口。

对于一个局域网而言，指定交换机是负责向本网段转发 BPDU 报文的设备，指定端口为指定交换机向本网段转发 BPDU 报文的端口。

（4）路径开销（path cost）。

路径开销是生成树协议用于选择链路的参考值。生成树协议通过计算路径开销，选择较为"强壮"的链路，阻塞多余的链路，将网络修剪成无环路的树形网络结构。

（5）端口状态。

生成树协议中端口有四种状态，分别为：

① 阻塞（blocking）：所有端口以阻塞状态启动以防止回路。该端口不属于生成树的有效组成端口，处于阻塞状态的端口不转发但可接收 BPDU 报文，不接收和转发其他业务报文。

② 监听（listening）：不转发数据帧，监听网络中的 BPDU 报文判断是否有更优的路径，不接收和转发其他业务报文。

③ 学习（learning）：不转发数据帧，监听网络中的 BPDU 报文判断是否有更优的路径，接收普通业务报文，学习 MAC 地址表，不转发其他业务报文。

④ 转发（forwarding）：端口能接收和转发 BPDU 报文，同时接收和转发其他业务

报文。

3. 生成树协议算法的实现

(1)根交换机的选择。

网络初始化时,网络中的所有 STP 设备都认为自己是"根交换机",根交换机 ID 为自身的交换机 ID。通过交换 BPDU,设备之间比较交换机 ID,网络中根交换机 ID 最小的设备被选为根交换机。

(2)根端口、指定端口的选择。

非根交换机将收到最优 BPDU 的那个端口定为根端口。设备根据根端口的 BPDU 和根端口的路径开销,为每个端口计算一个指定端口 BPDU。设备使用计算出的 BPDU 和需要确定端口角色的端口上的 BPDU 进行比较,并根据比较结果进行不同的处理:

如果计算出来的 BPDU 优,则设备就将该端口定为指定端口,端口上的配置消息被计算出来的 BPDU 替换,并周期性向外发送。

如果端口上的 BPDU 优,则设备不更新该端口 BPDU 并将此端口阻塞,该端口将不再转发数据,只接收但不发送 BPDU;

一旦根交换机、根端口、指定端口选举成功,则整个树形拓扑结构就建立完毕了。

(3)BPDU 传递机制。

BPDU 中的信息基于根交换机 ID、根路径开销、指定交换机 ID 和指定端口 ID,交换机之间通过交换配置 BPDU 来选举根交换机和确定端口角色。

通过传递拓扑变化通告 BPDU 来报告网络拓扑变化。交换机桥 ID 由交换机桥优先级和交换机桥 MAC 地址组成,端口 ID 由端口优先级和端口号组成,根路径开销是指从本网桥到根网桥所经各端口的端口开销之和。

当网络初始化时,所有的交换机都将自己当作根交换机,生成认为自己为根的 BPDU,并按周期定时向外发送。

如果接收到 BPDU 的端口是根端口,且接收的 BPDU 消息比该端口的配置消息优,则设备将 BPDU 中携带的配置消息的生存期(message age)按照一定的原则递增,并启动定时器为这条配置消息计时,同时将此配置消息从设备的指定端口转发出去;如果指定端口收到的 BPDU 比本端口的配置消息优先级低时,会立刻发出自己更好的 BPDU 进行回应。

如果某条路径发生故障,则这条路径上的根端口不会再收到新的 BPDU,旧的 BPDU 将会因为超时而被丢弃,设备重新生成以自己为根的 BPDU 并向外发送 BPDU,从而引发生成树的重新计算,得到一条新的通路替代发生故障的链路,恢复网络连通性。

4. 生成树协议算法举例

为了描述方便,本例只比较 BPDU 的四项报文字段:根交换机 ID、根路径开销、指定交换机 ID、指定端口 ID(BPDU 四项报文字段,从左至右数值最小为最优)。生成树拓扑结构及各端口配置信息如图 1.7 所示,假设交换机 A、交换机 B、交换机 C 的优先级分别为 0、1、2,假设各链路开销为 2、4、8。

(1)初始状态。

各台交换机的各个端口在初始时会生成以为自己为根的配置消息,根路径开销为 0,指定交换机 ID 为自身交换机 ID,指定端口为本端口。

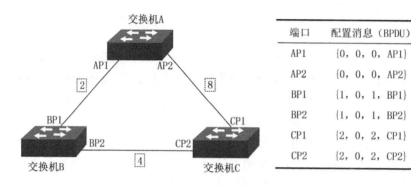

图 1.7   生成树拓扑结构图

（2）选出最优配置信息。

各台交换机都向外发送自己的配置消息。相互进行比较，如果收到比自己更优的 BPDU 则进行 BPDU 的更新，把对方的 BPDU 信息缓存下来，并不再发送 BPDU。

（3）确定根交换机，确定根端口，确定其余端口为指定端口还是 Block 端口。

交换机 A：

端口 AP1 收到交换机 B 的配置消息，交换机 A 发现 AP1 端口的配置消息优先于接收到的配置消息的优先级，就把接收到的配置消息丢弃。端口 AP2 的配置消息处理过程与端口 AP1 类似。交换机 A 发现自己各个端口的配置消息中根交换机和指定交换机都是自己，则认为自己是根交换机，各个端口的配置消息都不做任何修改，以后周期性的向外发送配置消息。端口 AP1 的配置消息仍为 {0，0，0，AP1}，端口 AP2 的配置消息仍为 {0，0，0，AP2}。

交换机 B：

端口 BP1 收到来自交换机 A 的配置消息，经过比较交换机 B 发现接收到的配置消息的优先级高于端口 BP1 的配置消息的优先级，触发更新，端口 BP1 更新为 {0，0，0，AP1}。

端口 BP2 收到来自交换机 C 的而配置消息，交换机 B 发现 BP2 端口的配置消息优先级优于接收到的配置消息的优先级，就把接收到的配置消息丢弃，此时端口 BP2 的配置消息仍为 {1，0，1，BP2}。经比较端口 BP1 的配置消息被选为最优配置消息，端口 BP1 被定为根端口。

对于非根端口 BP2 还要做出如下比较：将根端口 BP1 的交换机根 ID 更新为最优配置消息中的交换机根 ID，路径开销更新为 2，指定交换机 ID 更新为本交换机，指定端口 ID 更新为本端口 ID，得到配置消息 {0，2，1，BP2}。将配置消息 {0，2，1，BP2} 与 BP2 的配置消息 {1，0，1，BP2} 做比较，BP2 的配置消息更优，则 BP1 被选为指定端口，且更新配置消息为 {0，2，1，BP2}。

交换机 C：

端口 CP1 收到来自交换机 A 的配置消息，触发更新，端口 CP2 更新为 {0，0，0，

AP2｝。端口 CP2 收到来自交换机 B 的配置消息，触发更新，端口 CP2 更新为｛1，0，1，BP2｝。经比较端口 CP1 的配置消息被选为最优配置消息，端口 CP1 被定为根端口。

非根端口 CP2 经比较后被选为指定端口，发送更新后的 BPDU：｛0，8，2，CP2｝。接着端口 CP2 会收到交换机 B 的 BP1 更新后的配置消息｛0，2，1，BP2｝，由于收到的配置消息比原配置消息优，触发更新，CP2 配置消息更新为：｛0，2，1，BP2｝。

此时加上根路径开销后，端口 CP1 配置消息为｛0，8，0，AP2｝，端口 CP2 配置消息为｛0，6，1，BP2｝，经过交换机 C 的内部比较端口 CP2 配置消息最优为根端口，端口 CP1 被阻塞，状态稳定后将不再接收交换机 A 转发的数据。

5. 快速生成树协议（RSTP）的产生

生成树协议虽然能够解决环路问题，但是还是有很多不足之处。其主要缺陷表现在收敛速度上。

当拓扑发生变化，新的配置消息要经过一定的延时才能传播到整个网络，这个延时被称为转发时延（forward delay），协议默认值为 15s。在所有的交换机收到这个变化消息之前，若旧拓扑结构中处于转发状态的端口还没有发现自己在新的拓扑结构中而停止转发，则可能存在临时环路。为了解决这个问题，生成树协议使用了一种定时策略，在端口阻塞和转发状态中添加了一个学习状态，就会有两次转发延时时间，从而保证在拓扑变化的时候不会产生临时环路。但这个方案带来了至少两倍的转发延时的收敛时间。

为了弥补转发延迟大的缺陷，IEEE 推出了 IEEE 802.1W 标准，标准中定义快速生成树协议（Rapid Spanning Tree Protocol，RSTP）。

RSTP 是 STP 的一个发展，IEEE 802.1D 中的主要术语和参数在 802.1W 中都保留不变。为了加快收敛速度，RSTP 在 STP 的基础上做了几点改变：

（1）新设置了替换端口和备份端口两种角色，当根端口和指定端口失效的情况下，替换端口和备份端口可无延时地进入转发状态；

（2）在只连接了两个交换端口的点对点链路中，指定端口只需与下游交换机进行一次握手就可以无延时地进入转发状态；

（3）将直接与终端相连的端口定义为边缘端口，边缘端口可以直接进入转发状态，不需要任何延时。

改进后产生的 RSTP 的格式在 STP 的基础上有修改，但仍可兼容 STP，二者可混合组网。

1.2.3.3 链路聚合

链路聚合（link aggregation）技术能将几条物理链路聚合成一条逻辑链路使用，达到增加带宽和提供链路冗余的目的。相比于直接升级网络的方式，链路聚合技术不需要进行设备更换，可以根据不同的业务带宽需求对聚合在一起的物理链路的条数进行选择，当链路使用的一个端口出现故障时，传输的数据可快速地转向其他正常工作的端口，实现了链路备份和系统容错，是一种更廉价更灵活地提高链路带宽的方式。

为了解决各厂家设备技术的兼容问题，目前链路聚合广泛使用的是正式标准 IEEE 802 委员会制定的 IEEE Standard 802.3ad 协议，标准中定义了链路聚合技术的目标、聚合子层内各模块的功能和操作的原则，链路聚合控制的内容以及链路聚合控制协议（LACP）等。LACP 协议是 EEE 802.3ad 标准的主要内容之一，是一种实现链路动态聚合的协议。

1. 链路聚合方式

（1）手工聚合：一种最基本的链路聚合方式，由管理员手工对加入聚合组的端口进行配置。一旦配置好后，端口的选中（selected）/待命（standby）状态不会受网络环境的影响，比较稳定，但是不能根据对端口的状态调整端口的选中/待命状态，不够灵活。

（2）静态 LACP 聚合：由管理员手工指定哪些端口属于同一个聚合组，与手工负载分担模式链路聚合不同的是，该模式下 LACP 协议报文参与活动接口的选择。静态聚合端口的 LACP 协议为使能状态，当一个静态汇聚组被删除时，其成员端口将形成一个或多个动态 LACP 汇聚，并保持 LACP 使能。

（3）动态 LACP 聚合：由 LACP 协议动态确定哪些端口加入或离开哪个聚合组。在动态 LACP 模式下，Eth-Trunk 接口的建立、成员接口的加入、活动接口的选择完全由 LACP 协议通过协商完成，端口的 LACP 协议处于使能状态。能够根据对端和本端的信息调整端口的选中或非选中状态，比较灵活，但端口的选中或非选中状态容易受网络环境的影响，不够稳定；只有速率和双工属性相同、连接到同一个设备、有相同基本配置的端口才能被动态汇聚在一起。即使只有一个端口也可以创建动态汇聚，此时为单端口汇聚。

手工聚合不支持协议报文的交换，也不能自动侦测对端状态，CPU 占用率比较低，但是静态 LACP 聚合和动态 LACP 聚合都支持协议报文交换，也可以自动侦测对端信息，根据对端信息调整端口状态，CPU 占用率比较高。三种链路聚合方式的特点如表 1.4 所示。

表 1.4　　　　　　　　　　　**链路聚合方式的特点比较**

聚合方式	协议报文交互	自动侦测对端	CPU/内存占用率
手工聚合	无	无	低
动态聚合	有	有	高
静态聚合	有	有	高

2. 链路聚合的位置

在 IEEE 802.3ad 架构中，链路聚合功能是数据链路层的一个子功能，通过在 MAC 层和 MAC Client 层之间增加了一个可选的链路聚合子层实现。图 1.8 给出了链路聚合子层与 OSI 模型之间的关系，及其在 IEEE 802.3ad 架构中所处的位置。

图 1.8 中表示链路聚合子层可以将多个单独的物理链路聚合，进而给 MAC Client 提供一个单一的 MAC 接口。链路聚合子层处于 MAC 层与 MAC Client 之间，是可选的。在实际应用中，用户根据实际的网络环境选择聚合组中的成员端口，只有加入了链路聚合的成员链路上才使用链路聚合子层，由该层来管理所有的成员链路，并向 MAC Client 提供一个单独的接口，这样 MAC Client 就只与链路聚合子层交互。

3. 链路聚合整体结构

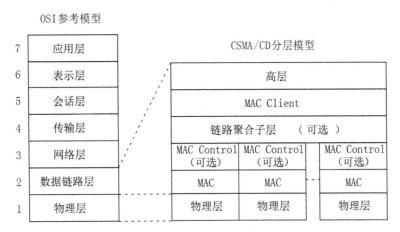

图 1.8　链路聚合子层的位置

　　链路聚合在设计策略上可依照模块化的原则，将整个链路聚合按功能分为各个相关子模块，各子模块间的依赖通过函数接口的形式保证，子模块内部实现对外不透明。整体结构如图 1.9 所示，链路聚合按功能被分为以下子模块：

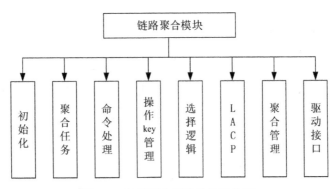

图 1.9　链路聚合模块整体结构图

　　(1)初始化：它的作用主要是为链路聚合的运行做相关的准备，比如全局变量的初始化、命令注册、信号量注册、创建聚合任务等。

　　(2)聚合任务：它在链路聚合初始化时创建，负责不停地读取时间和消息队列，解析出各种链路聚合的事件并进行相应的处理。

　　(3)命令处理：命令是实现用户和交换机交互的主要方式之一。命令处理模块的主要作用就是负责解析和处理用户输入和链路聚合的相应命令。它是用户与链路聚合模块的接口。

　　(4)操作 key 管理：如前所述，802.3ad 协议将端口的聚合能力归纳为一个值，方便系统在比较成员端口的聚合能力时的处理。操作 key 管理模块即是实现端口的操作 key 管理功能，主要包括成员端口操作 key 的分配功能和删除功能。

（5）选择逻辑：主要功能是根据成员端口的相关情况，通过一定的选择算法，选择合适的成员端口参与转发流量。

（6）LACP：LACP 模块的功能即是实现 LACP 协议的功能。这个模块主要负责动态链路聚合的控制，LACP 报文的发送和接收由报文处理子模块处理，并通过相应的接口与 LACP 交互。

（7）聚合管理：聚合管理模块主要负责聚合组创建之后，聚合端口和相应聚合组的成员端口的管理工作。

（8）驱动接口：驱动模块的主要功能是实现链路聚合模块和底层驱动进行交互的接口。链路聚合的一些功能需要底层驱动的支持，当链路聚合模块需要下设驱动或者获取芯片的相关信息时就会调用驱动模块。

1.2.3.4　MAC 地址技术

1. MAC 地址

MAC（media access control）即介质访问控制，又称为硬件地址或物理地址，用来定义网络设备的位置。MAC 地址可标识连接到以太网的通信实体，属于 MAC 协议的一部分，采用十六进制数表示，共 6 个字节，长度 48 比特。其中，前三个字节（高位 24 位）被称为"编制上唯一的标识符"（organizationally unique identifier），是由 IEEE 的注册管理机构 RA 给不同厂家分配的代码，区分了不同的厂家；后三个字节（低位 24 位）称为扩展标识符（唯一性），由各厂家自行指派给生产的适配器接口。

MAC 地址对应于 OSI 参考模型的第二层数据链路层，工作在数据链路层的交换机维护着计算机 MAC 地址和自身端口的数据库，交换机根据收到的数据帧中的"目的 MAC 地址"字段来转发数据帧。从实际使用的角度，以太网的 MAC 地址可以分为 3 类，分别是单播地址、多播地址、广播地址。

（1）单播地址：第一个字节最低位为 0，用于网段中两个特定设备之间的通信，可以作为以太网帧的源和目的地址。

（2）多播地址：第一个字节最低位为 1，用于网段中一个设备和其他多个设备通信，只能作为以太网帧的目的地址。

（3）广播地址：48 位全为 1，用于网段中一个设备和其他所有设备通信，只能作为以太网帧的目的地址。

2. MAC 地址表

（1）MAC 地址表简介。

MAC 地址表记录了与该设备相连的设备的 MAC 地址、与该设备相连的设备的接口号以及所属的 VLAN ID。在转发数据时，设备根据报文中的目的 MAC 地址查询 MAC 地址表，快速定位出接口，从而减少广播。交换机的缓存中有一个 MAC 地址表，需要转发数据时，交换机会在地址表查询是否有目的 MAC 地址对应的表项，如果有，交换机立即将数据报文发往该表项中的转发端口；如果没有，交换机则会将数据报文以广播的形式发送到除了接收算口外的所有端口，将最大能力保证目的的主机接收到数据报文。因此，交换机地址表的构建和维护决定了数据转发的方向和效率，图 1.10 以二层交换机帧转发为例，展示了 MAC 学习及报文转发过程。

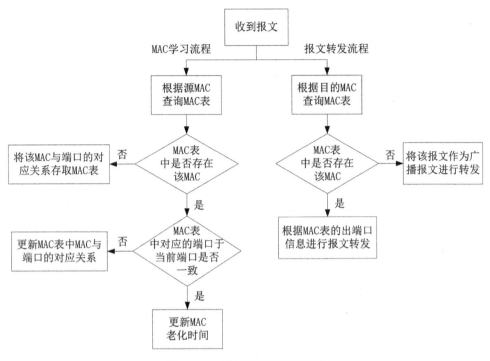

图 1.10　二层交换机帧转发过程

（2）MAC 地址表项的生成与维护方式。

① 自动生成 MAC 地址表项。

一般情况下，MAC 地址表是设备通过源 MAC 地址学习过程而自动建立的，整个过程不需要人工干预。当交换机收到一个数据帧时，先在自己的 MAC 地址表中查找是否有该数据帧的源 MAC 地址，如果没有，则将该源 MAC 地址记录到自己的 MAC 地址表中，通常情况下，MAC 地址表中大多数的表项都是通过动态学习方式来逐渐构建起来的。

② 手工配置 MAC 地址表项。

这种方式构建的 MAC 地址表项完全由用户手工添加和删除，没有老化时间。这种方式适用于网络中比较固定的网络设备，可以减少网络中的广播包。用户还可以通过手工添加黑洞 MAC 地址表象，当交换机接收到源 MAC 地址或者目的的 MAC 地址与黑洞 MAC 地址的表项相符的数据报文时，交换机会立即将该报文丢弃。

另外，设备通过源 MAC 地址学习自动建立 MAC 地址表时，无法区分合法用户和黑客用户的报文，带来了安全隐患。如果黑客用户将攻击报文的源 MAC 地址伪装成合法用户的 MAC 地址，并从设备的其他接口进入，设备就会学习到错误的 MAC 地址表项，于是就会将本应转发给合法用户的报文转发给黑客用户。为了提高接口安全性，网络管理员可手工在 MAC 地址表中加入特定 MAC 地址表项，将用户设备与接口绑定，从而防止假冒身份的非法用户骗取数据。手工配置的 MAC 地址表项优先级高于自动生成的表项。

（3）MAC 地址表分类。

① 静态 MAC 地址表项：由用户手工配置，表项不老化；

② 动态 MAC 地址表项：包括用户配置的以及设备通过源 MAC 地址学习得来的，表项有老化时间；

③ 黑洞 MAC 地址表项：用于丢弃含有特定源 MAC 地址或目的 MAC 地址的报文，由用户手工配置，表项不老化。

1.3　以太网组网方式

在组建以太网时，计算机数量往往大于一台交换机的端口数量，在以太网设计中采用分级交换的原则，这些都会涉及交换机之间连接的问题。而堆叠（stack）和级联（uplink）就是将多台交换机链接在一起的两种组网方式，它们的主要目的是增加端口密度。如果把以太网看作一组节点和链路组成的几何图案，就构成了以太网的拓扑结构。常见的以太网拓扑结构有总线型、星形、树形、环形。其中，树形拓扑结构就是通过级联交换机或集线器将多个星形结构连接在一起的网络结构。

1.3.1　级联

级联模式是最常见、最直接的一种组网方式，即使用双绞线或光纤将多个交换机进行连接，其主要目的是延长网络传输距离。级联后交换机在实际的网络中仍然各自工作，仍然是各自独立的交换机。需要注意的是交换机不能无限制级联，超过一定数量的交换机进行级联，会引起网络风暴，导致网络性能下降，一般建议级联层数不超过 4 层。

级联方式是组建大型 LAN 的最理想的方式，可以综合各种拓扑设计技术和冗余技术，实现层次化网络结构，被广泛应用于各种局域网中。

交换机的级联根据交换机的端口配置情况又有两种不同的链接方式——使用普通端口级联和使用 Uplink 端口级联。

1.3.1.1　普通端口级联

如果交换机没有 UpLink 端口，可以采用交换机的普通端口进行级联，如图 1.11 所示，即通过交换机的某一个常用端口进行连接。但这种方式的性能稍差，因为下级交换机的有效总带宽实际上就相当于上级交换机的一个端口带宽。

1.3.1.2　Uplink 端口级联

某些交换机包含一个 Uplink 端口。此端口是专门为上行连接提供的，在级联时，交换机只需要通过直通双绞线将 Uplink 端口连接至其他交换机上的普通端口即可，如图 1.12 所示（注意，并不是 Uplink 端口相互连接）。这种级联方式性能比较好，级联端口的带宽通常较高。

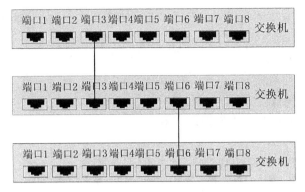

图 1.11 交换机通过普通端口级联扩展模式

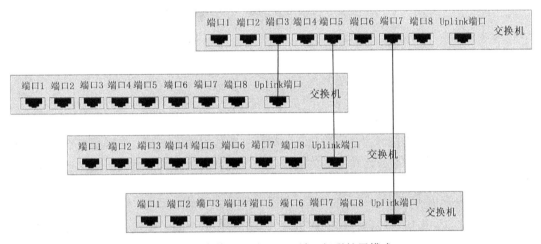

图 1.12 交换机通过 Uplink 端口级联扩展模式

1.3.2 堆叠

堆叠方式主要应用于大型网络中对端口需求比较大的情况。交换机的堆叠是扩展端口最快捷、最便利的方式,通常堆叠的带宽是交换机端口速率的几十倍。但是,并不是所有的交换机都支持堆叠,采用堆叠方式连接的交换机受到种类和相互距离的限制。交换机堆叠需要使用专用的堆叠线缆和堆叠模块,并且堆叠中的交换机必须是统一品牌,此外,由于厂家提供的堆叠连接线缆一般都在 1 米左右,因而只能在很近的距离内使用堆叠功能。

多台交换机的堆叠是靠一个提供背板总线带宽的多口堆叠母模块与单口的堆叠子模块相联实现的,从一台交换机的堆叠端口直接连接到另一台交换机的堆叠端口,如图 1.13 所示。堆叠中的所有交换机可视为一个整体的交换机来进行管理,只需要赋予一个 IP 地址,即可通过该 IP 地址对所有的交换机进行管理,从而大大减小了管理难度。

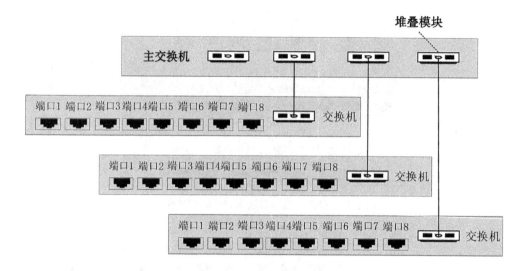

图 1.13　交换机的堆叠

1.3.3　级联与堆叠的差异性

级联与堆叠两种连接方式的本质是不一样的，需根据实际需要、实际情况选择不同的连接方式来满足不同需求。在实际的方案设计中也经常同时出现，可灵活运用。下面将对两者的区别分类总结说明。

1. 对设备的要求不同

级联可通过一根双绞线在任何网络设备厂家的交换机之间，集线器之间，或者交换机与集线器之间完成。而堆叠只有在同一厂家的设备之间实现，并且设备交换机必须具有堆叠功能。

2. 对级联介质要求不同

级联时只需一根双绞线线，而堆叠则需要专用的堆叠模块和堆叠线缆。

3. 最大连接数不同

交换机间的级联，在理论上没有级联个数的限制。但是，对于堆叠各厂商都会明确地标明限制。

4. 管理方式不同

堆叠后的数台交换机是一个被网管的设备，在逻辑上它们属于同一个设备，只要连接到任何一台设备就可以看到堆叠中的其他设备，可对所有交换机进行统一的配置与管理。而相互级联的交换机在逻辑上是各自独立的，必须依次连接和管理每台交换机。

5. 设备间连接宽带不同

多台交换机级联时会产生级联瓶颈，并将导致较大的转发延迟。例如，两台100MBit/s交换机通过双绞线级联时，彼此之间的连接宽带也是100MBit/s。当连接至不同交换机上的计算机之间通信时，也只能通过这条百兆位连接，从而成为传输的瓶颈，且随着转发次数的增加，网络延迟也将变得很大。而两台交换机通过堆叠连接在一起时，堆叠线缆将能提供高于1GBit/s的背板带宽，从而可以实现所有交换机之间的高速连接。尽管级联时交换机之间可以借助链路汇聚技术来增加带宽，但这是以牺牲可用端口作为代价的。

6. 连接距离的不同

级联可通过跨交换机延长传输距离。例如，一台计算机距离交换机超过100m，单根双绞线的传输信号便会发生衰减，为保证传输的可靠性此时可在中间再放置一台交换机，使计算机与交换机相连。而堆叠线缆最长也只有几米。

1.3.4 常见以太网拓扑结构

1.3.4.1 传统以太网拓扑结构

1. 总线型

总线型以太网拓扑结构中的所有设备都直接与总线相连，如图1.14(a)所示，总线上的信息大多以基带形式串行传递，无中心节点控制，各工作站地位平等。具有结构简单、网络用户扩展灵活、所需电缆较少、设备简单、易安装、组网费用低等优点。其缺点为维护难，分支节点故障不易查找；采用共享的访问机制，各节点共用总线带宽，传输速度会随着接入网络的用户增多而下降，易造成网络拥塞。

早期以太网大多都使用总线型拓扑结构，但由于它存在的传输速度受限的固有缺陷，已逐渐被以集线器及交换机为核心的星形网络所代替。

2. 星形

星形网络的拓扑结构特点是将一个节点作为中心节点，其他节点直接与中心节点相连，整个网络由中心节点集中进行通行管理，如图1.14(b)所示。中心节点可以为文件服务器，也可是链接设备，常见为集线器。具有控制简单，管理方便；结构易扩展，亦可通过级联非常便利的大规模扩展网络；易诊断和隔离故障，单个节点故障不会影响整个网络的正常通信，可靠性较高等优点。其缺点为中心节点复杂，对中心节点设备可靠性要求高；各站点分部处理能力弱；耗费的电缆较多，安装和维护工作量也随之增加；中心节点负担重，故障后影响至全网。

总的来说星形拓扑结构建网容易，管理简单，且具有某根电缆出现问题，网络上的其他组件仍然可正常运行的优势，因此绝大部分的以太网都采用星形结构。采用星形拓扑结构的网络，通常使用双绞线或光纤作为传输介质，符合综合布线标准，能够满足多种宽带需求。

3. 环形

环形结构是由网络中的多个节点首尾链接成一个闭合的环，数据在环网中沿着固定的方向流动，如图1.14(c)所示。这种结构的网络形式大多应用于令牌网中，通常把这类网络称之为"令牌环网"。具有实现简单，投资小；两节点之间只有一条道路，简化了路径选择的控制等优点。其缺点为功能简单，环路是封闭的，扩展性能差；环中节点增多时，会影响传输速率；一个节点故障会导致全网瘫痪，可靠性差。

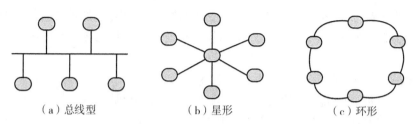

（a）总线型 　　　（b）星形 　　　（c）环形

图 1.14 传统以太网拓扑结构

1.3.4.2 复杂以太网拓扑结构

随着以太网范围越来越大、功能越来越复杂，传统的拓扑结构已难以满足需求，因此在传统拓扑结构的基础上又衍生出了多种新的复杂结构。

1. 网状

网状拓扑结构可以是全互联的，也可以是部分互联的，全互联是指网络中的每个节点均与其他的所有节点直接相连，如图 1.15（a）所示，网状结构也被称为分布式结构。通常采用网状拓扑结构的网络中任意两个节点的交换机之间都存在两条及两条以上的通信途径，当一条路径出现故障时信息可以通过另一条路径传输，具有可靠性高，网内节点共享资源容易，通信通道和传输速率选择灵活的优点。其缺点为控制复杂；线路多，费用高，不易扩充。

2. 轮辐状

轮辐结构结合了环状和星形结构特点，如图 1.15（b）所示，中心节点到次节点间的星形链路可匹配信息汇集上的流量模型，次节点之间的环路提供了冗余链路，提高了信息传输的可靠性。

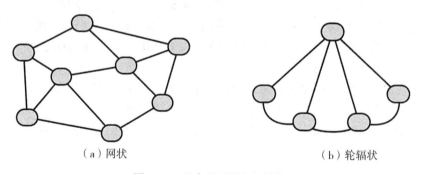

（a）网状 　　　　　　　　　（b）轮辐状

图 1.15 以太网环形拓扑结构

3. 层次性拓扑结构

以太网拓扑结构开始划分为核心层和接入层两种层次，常见的有树形、环-星形和网-星形，如图 1.16 所示。

树形结构是分级的集中控制式网络，可认为是一种单纯的层次拓扑。它的通信线路总长度短，成本较低，节点易于扩充，寻找路径方便，易隔离故障；但任一节点故障都会对其所有下层节点系统产生影响，所以对根节点有很强的依赖。

环-星形结构采用环形结构为核心层，接入星形结构，是一种混合型网络拓扑。在获得较高可靠性的同时，也具有较低的连接成本。

网-星形结构采用网状结构为核心层，接入星形结构，很好地平衡了连接成本、传输灵活性和传输可靠性。

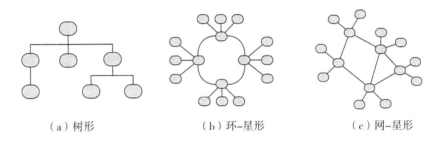

（a）树形　　　　　　　（b）环-星形　　　　　　　（c）网-星形

图 1.16　以太网树形拓扑结构

1.4　网络安全

1.4.1　网络安全事件

以太网是当今最流行应用最广泛的通信网络，具有价格低、多种传输介质可选、高速度、易于组网应用等优点，而且易与 Internet 连接。过去十几年中，Internet 的兴起和 Windows 、Unix 等操作系统逐渐处于主导地位，TCP/IP 以及其他一些定义明确的传输协议得到广泛应用。

但在得益于网络加快业务运作的同时，对网络中存在的安全问题要有清醒的认识。黑客的恶意攻击或者操作者的误操作，都可能造成不可估量的损失。攻击者可以窃听网络上的信息，窃取用户口令、数据库信息，还可以篡改数据库内容，伪造用户身份等名，甚至删除数据库内容，摧毁网络节点，释放计算机病毒等。随着网络的开放、共享和互联程度的不断发展和深入，网络信息安全问题日益突出，已经给全世界带来了巨大的损失，因此网络的安全问题成为信息网络健康发展必不可少的重要一环。

网络安全与国家、社会、个人息息相关。近年来，网络安全事件越演越烈，涉及教育、医疗、银行、工业等多个领域。

2000 年 10 月 13 日，四川二滩水电厂控制系统收到异常信号停机，7s 脱网 890MW，川渝电网几乎瓦解。

2003 年，美国俄亥俄州 Davis-Besse 的核电厂控制网络内的一台计算机被微软的 SQL Server 蠕虫所感染，网络数据传输量剧增，导致该核电站计算机处理速度变缓、安全参数显示系统和过程控制计算机连续数小时无法工作。

2003 年，我国龙泉、政平、鹅城换流站控制系统由于外国工程师在系统调试中用笔记本上网而感染病毒。

2006 年，美国亚拉巴马州的 Browns Ferry 核电站 3 号机组受到网络攻击，核电站局域网中出现信息洪流，反应堆再循环泵的变频器和冷凝除矿的可编程逻辑控制器无法及时处理，反应堆再循环泵和冷凝除矿控制器工作失灵，导致 3 号机组被迫关闭，核电站工作人员全部撤离，直接经济损失数百万美元。

2008 年，黑客劫持了南美洲某国的电网控制系统，敲诈该国政府，在遭到拒绝后攻击了电力传输系统，导致长时间的电力中断。

2010 年，伊朗布什尔核电站遭到"震网（Stuxnet）"病毒攻击，1/5 的离心机报废。同年 9 月，伊朗政府宣布，大约 3 万个网络终端感染"震网"病毒，病毒攻击目标直指核设施。病毒给伊朗布什尔核电站造成严重影响，导致放射性物质泄漏。

2011 年，黑客入侵数据采集和监控系统，使美国伊利诺伊州城市供水系统的供水泵遭到破坏。

2012 年，美国 Chevron、Baker Hughes、ConocoPhillips 和 Marathon 等石油公司相继声明其计算机系统感染 Stuxnet 病毒，病毒一旦侵害了真空阀，将会造成离岸钻探设备失火、人员伤亡和生产停顿等重大事故。

2014 年 9 月远程木马"Havex"利用 OPC 工业通信技术侵入全球能源行业数千个工业控制系统。10 月，我国数十个重要政府网站和邮件系统遭受拒绝服务攻击。

2015 年 12 月 23 日，乌克兰电网突然遭遇大规模的停电事故。据乌克兰新闻通讯社报道，这次大规模停电事件，是黑客攻击乌克兰国家电网造成的。黑客使用的高破坏性的恶意软件，攻击并感染了乌克兰至少三个地区电力部门的基础设施，导致发电设备产生故障，导致 7 个 110kV 的变电站和 23 个 35kV 的变电站出现故障，80000 用户断电。

2016 年 1 月，比利时银行 Crelan 遭 BEC 攻击，损失 7000 万欧元；2 月，环球银行金融电信协会系统遭系列攻击，损失巨大；3 月，孟加拉银行被黑客转走 8100 万美元。

2016 年 9 月，雅虎公司发生最大规模数据泄露；世界最大主机托管公司之一 OVH 遭到规模达 1TBit/s 的 DDoS 攻击。

2016 年 12 月 17 日，时隔一年，乌克兰的国家电力部门又一次遭遇了黑客袭击，这次停电持续了 30min 左右，受影响的区域是乌克兰首都基辅北部及其周边地区。

2017 年世界四大会计师事务所之一德勤（Deloitte）公司遭到了网络攻击。该攻击入侵德勤的全球电子邮件服务器，造成公司大量数据、机密文档以及客户邮件等被盗。

2017 年 5 月，一款名为 WannaCry 的勒索病毒席卷全球，包括中国、美国、俄罗斯及欧洲在内的 100 多个国家，我国部分高校内网、大型企业内网和政府机构专网遭受严重攻击。勒索软件利用微软 SMB 远程代码执行漏洞 CVE-2017-0144，微软已在 2017 年 3 月份发布了该漏洞补丁。2017 年 4 月，黑客组织影子经纪人（The Shadow Brokers）公布的方程式组织（Equation Group）使用的"EternalBlue"中包含了该漏洞利用程序，而该勒索软件的攻击者在借鉴了"EternalBlue"后发起了这次全球性大规模勒索攻击。

1.4.2 网络安全问题

网络安全事故频繁发生，促使人们对网络安全问题进行深入分析，寻求网络安全问题的解决策略。分析近年来的网络安全事故，发现以太网安全问题主要存在以下几个方面：

1.4.2.1 管理不当

人为的疏忽大意，如操作员配置不当造成安全漏洞，如防火墙配置不当，会给外来攻击创造机会。用户安全意识不强，口令选择不慎，或者不及时地更新防护系统，都会造成网络安全的威胁。开放的光驱、USB 接口的使用，共享文件夹的互相访问，操作站漏洞补丁未定期安装，操作系统的用户权限过大等原因造成操作站感染病毒、木马，导致网络内其他操作站感染病毒，严重时甚至导致网络瘫痪。

1.4.2.2 恶意攻击

以太网常见的攻击方式包括：ARP（Address Resolution Protocol）欺骗、以太网数据窃听、对生成树的攻击等。ARP 对以太网的通讯起着决定性作用，ARP 欺骗是攻击者利用伪造 ARP 应答报文对局域网中其他主机中的 ARP Cache 进行篡改，局域网中所有去往被攻击主机的数据全被发往攻击者。攻击者也可以通过对局域网中的路由器进行伪装截取去往其他子网的数据。ARP 欺骗是当前以太网中较为常见的一种攻击方式，对网络安全威胁较大。

以太网的共享性给以太网数据窃听带来了很大的便利，攻击者在对网络中的数据进行监听时，利用类似于 Sniffer 的嗅包器获取所需要的信息。在共享介质以太网中利用类似用户电子邮件口令即可对网络中的数据进行监听抓取敏感信息。目前以太网中交换机取代了多端口转发器，增加了网络的安全性，但在交换机网络中攻击者通过攻击快速转发表实现窃听，且这种攻击行为更为隐蔽，严重威胁用户数据信息安全。

在以太网中常采用生成树技术防范网络环路的产生，生成树技术通过对网络中产生环路的端口进行查找，并使其处于暂时的堵塞状态来避免环路的产生。攻击者利用生成树协议改变网络拓扑结构，实现对网络的攻击。具体实现方法为：攻击者在网络中加入一台交换机，通过设置交换机 BridgeID 值使之成为根节点，并将与之相同的那台交换机的一个网段端口设置为阻塞状态，导致其所连接的网络之间的所有数据都由攻击者所加入的交接机进行转发，攻击者实现对数据窃听或是进一步攻击。

1.4.2.3 网络软件的漏洞和后门

软件在设计和编程时，难免会有漏洞，这些漏洞会成为黑客攻击的对象。同时，软件开发人员为了便于维护而设置的软件"后门"，也可能成为网络安全的很大隐患。

自 2015 年以来，应用软件供应链被污染事件多有发生，9 月爆出苹果开发工具 Xcode 被植入 XcodeGhost 恶意代码，导致使用该工具开发的苹果 APP 被植入恶意代码。同年 10 月，网上披露了"WormHole"漏洞，该漏洞存在于国内某公司开发的一款公共开发套件中，影响集成此套件的该公司系列 APP 及其他 20 余款 APP。2017 年 8 月，

NetSarang 公司旗下的 Xshell、Xmanager 等多款产品被曝存在后门问题。Xshell 是一款应用广泛的终端模拟软件，被用于服务器运维和管理，此次的后门问题可导致敏感信息被泄露。2017 年还曝出的惠普笔记本音频驱动内嵌键盘记录后门、CCleaner 后门等。

1.4.3　网络安全策略

网络安全是一项复杂的工程，它涉及了技术、设备、管理使用及立法制度等各个方面的因素。实现信息安全需要形成一套完备的网络信息安全体系，使得技术、设备、管理使用及立法制度等方面因素协同发展，缺一不可。

以太网的安全技术一般可以分为访问控制、认证、加密，对交换机管理的安全保护和一些附加的功能。

1.4.3.1　访问控制

VLAN 是最传统的以太网安全技术，VLAN 技术允许网络管理者将一个物理的 LAN 逻辑地划分成不同的广播域，每一个 VLAN 都包含一组有着相同需求的计算机工作站，与物理上形成的 LAN 有着相同的属性。一个 VLAN 内部的广播和单播流量不会转发到其他 VLAN 中，从而有助于控制流量、简化网络管理、提高网络的安全性。

（1）端口隔离，很多厂商的交换机上都支持这一功能，实际上可以理解为 VLAN 技术的一种扩展，很多交换机把每个端口设为一个 VLAN，端口之间在两层不能进行互访。

（2）MAC 地址过滤，很多交换机提供了对 MAC 地址的过滤功能，在交换机中设定了某个主机的 MAC 地址之后，来自和去向它的数据包将被丢弃，用户可以通过这样的方法对不安全的计算机进行控制。

（3）MAC 地址的捆绑，一些交换机有 MAC 地址捆绑的功能，可以将主机的 MAC 与交换机的端口、VLAN 等捆绑在一起。防止外来的 PC 非法登录到网络上。

（4）访问控制列表（access control list，ACL），访问控制列表是以太网控制终端接入的一种机制，以太网交换机的每一个端口可以单独定义访问控制列表，访问控制列表中列出允许接入的终端的 MAC 地址，在端口接收到的 MAC 帧中，只有源 MAC 地址在该端口访问控制列表中的 MAC 帧才能继续转发，其他 MAC 帧被该端口丢弃。每一个端口的访问控制列表中可以有多个 MAC 地址，因而允许多个 MAC 地址和访问控制列表中的某个 MAC 地址相同的终端接入该端口。

1.4.3.2　认证

认证包括：IEEE 802.1x、Web/Portal 认证、PEAP、TTLS。

（1）IEEE 802.1x 称为基于端口的访问控制协议。该技术协议实现简单，认证和业务分离。

访问控制列表技术不能动态改变访问控制列表中的 MAC 地址，由于终端的 MAC 地址是可以设定的，一旦某个攻击者获取了访问控制列表中的 MAC 地址，就可以通过将自己终端的 MAC 地址设置为访问控制列表中的某个 MAC 地址实现非法接入。因此这种通过 MAC 地址来标识允许接入的终端方式在目前允许终端任意设定 MAC 地址的情况下，是不够安全的。安全的接入控制是用用户名和口令来标识合法用户终端，每当有新的终端接入某个端口时，端口能够要求接入终端提供用户名和口令，只有能够提供有效用户名和口令的终端的 MAC 地址，才能进入访问控制列表，一旦该终端离开该端口，或设定时间内该终端一直没有通过该端口发送 MAC 帧，该终端的 MAC 地址将自动从访问控制列表中删除，这就防止了其他终端通过伪造该终端的 MAC 地址非法接入以太网的情况发生。

（2）Web/Portal 认证是基于业务类型的认证，不需要安装其他客户端软件，只需要浏览器就能完成，就用户来说较为方便。

（3）PEAP（Protected Extensible Authentication Protocol）是一项 IETF 标准，它是 EEE 802.1x 的修正，可以用于有线和无线以太网认证工作。这一技术利用 TLS（Transport Layer Security），通过设置一个端到端的通道传输用户的认证信息，比如密码等，而不是必须在用户的终端上安装证书。这一技术具备更简单的安全架构。

（4）TTLS 用于在无线或者有线以太网中完成身份认证的工作。这一技术与 PEAP 技术的体系结构相类似，也使用 TLS，在认证过程中对用户端的要求相对较低，它与 PEAP 是相互竞争的技术。

1.4.3.3　加密

SSH 为建立在应用层和传输层基础上的安全协议。SSH 是目前较可靠，专为远程登录会话和其他网络服务提供安全性的协议。利用 SSH 协议可以有效防止远程管理过程中的信息泄露问题。通过 SSH，可以把所有传输的数据进行加密。

数据加密技术有效保护了信息系统和数据的安全性，是网络安全核心技术之一。数据加密技术可在网络 OSI7 层协议的多层实现，从加密技术应用的逻辑位置看，常用的数据加密方式有：链路加密（网络层以下的加密）、节点加密（协议传输层上的加密）、端对端加密（网络层以上的加密）等。按照不同的作用，数据加密技术可以分为：数据存储、数据传输、数据完整性的鉴别以及密钥管理技术等。

信息的加密算法或是解密算法都是在一组密钥控制下进行的。根据加密密钥和解密密钥是否相同，可将目前的加密体制分为两种：一种是当加密密钥与解密密钥对应相同时，称为私钥加密或者对称加密体制，典型代表是美国的数据加密标志（DES）；另一种是加密密钥与解密密钥不相同，通称为公钥或者非对称加密。这种加密方式，加密密钥是可以公开的，但是解密密钥则是由用户自己持有的，典型代表为 RSA 体制。在目前的数据加密系统中，对信息的安全性保护，主要取决于对密钥的保护，而不是对系统和硬件本身的保护，所以密钥的保密和安全管理在数据系统中是极其重要的。

1.4.3.4　管理的安全保护

SNMP 作为交换机的一种管理方式，提供通过后台软件对网络设备进行集中化的管理通道。

自 SNMP 标准开发以来，其简单易用性成为取得广泛应用的重要原因，随着协议自身的不断修订与完善，目前已发展出以下几个主要版本。

SNMPvl：在 RFC 1157 中定义的简单网络管理协议的第一个正式版本。

SNMPv2e：在 RFC 1901 中定义，是对 SNMPV2 的改进，增加了 Ge-bulk 操作机制，提高了访问效率。

SNMPv3：通过对数据分组进行鉴别和加密；提供了以下安全特性：

(1)管理者与代理共享同一密钥，使用 MD5 或 SH A 算法对消息体进行身份鉴别。即通过数字签名技术确保数据从合法的数据源发出；

(2)使用 DES 的 CBC 模式对报文内容进行加密，确保数据在传输过程中不被篡改；

(3)合时性检查和重复性检查：前者主要实现对报文延迟或重发的保护，后者利用报文标识符 msgDI 字段，确保 150s 时间窗口内没有重复报文。

1.4.3.5 附加功能

(1)虚拟专用网(virtual private network，VPN)，VPN 是一种基于公共数据网给用户一种直接连接到私人局域网感觉的服务。VPN 技术是依靠 Internet 服务提供商(ISP)和其他网络服务提供商(NSP)，在公用网络中建立专用的数据通信网络技术。在虚拟专用网中，任意两个节点之间的连接并没有传统专用网所需的端到端的物理链路，而是利用某种公众网的资源动态组成的。

VPN 具有实现网络安全，简化网络设计，降低成本，容易扩展，连接灵活，完全控制主动权等作用。虚拟专用网大多传输的是私有信息，所以更为关注用户数据的安全性。目前，VPN 主要采用四项技术来保证信息安全，分别是隧道技术、加解密技术、密钥管理技术、使用者与设备身份认证技术。通过这些技术能有力地抵制不法分子篡改、偷听、拦截信息的能力，保证数据的机密性。

(2)交换机的附加功能，一些领先厂商的交换机上已经有不同的安全模块。有的交换机有一些日志功能，有些交换机还能够对 DHCP 的过程进行跟踪。

随着网络信息安全事件持续频发，世界各国纷纷加大了在网络信息安全产业方面的投入，并将此提升到了国家战略的层面。有效应对网络信息安全问题所带来的威胁，需要政府、企业和用户三方共同努力，构建正确的网络信息安全全局观，加强政企合作，持续加大安全投入，推动安全技术创新，多维度、多层级、全方位推进，形成拱卫之势。

对于政府，应注重如下几方面：

(1)强化网络安全立法和网络战略：制定专门的网络安全保护法律，制定网络安全战略，建立事故应急机制，对能源、金融、交通和饮水、医疗等公共服务重点领域的基础服务运营者进行梳理，强制这些企业加强其网络信息系统的安全，增强防范风险和处理事故的能力。

(2)构建网络安全审查机制：对关系国家安全和公共利益的系统使用的重要信息技术产品和服务进行的安全审查，以产品和服务的安全性、可控性为重点，防止产品和服务的提供者非法控制、干扰、中断用户系统，非法收集、存储、处理和利用用户有关信息。

(3)与企业合作共建网络安全防护体系：整合网络安全资源，研究网络安全策略，制定应对网络威胁的综合计划，将网络的威胁信息在政府与企业之间分享。

(4)政策落实：在日常管理中，把法律政策进行具体细化，将网络安全防护落到实处。

(5)注重研发投入：先进的安全技术是信息网络安全的根本保障，在技术领域内，注重研发投入，维持网络安全竞争优势。

对于企业，应注重以下几方面：

(1)部署安全解决方案：企业应该部署高级威胁情报解决方案，及时发现入侵信号并做出快速响应。

(2)强化危机管理：事件管理可以确保企业的安全框架得到优化，并具备可测量性和可重复性，帮助企业吸取教训，从而改善安全态势。企业用户应考虑与第三方专家开展长期合作，强化危机管理。

(3)实施多层防护：实施多层防护策略，全面应对针对网关、邮件服务器和端点的攻击。企业应该部署包括双重身份验证、入侵检测或防护系统(IPS)、网站漏洞恶意软件防护及全网 Web 安全网关解决方案在内的安全防护。

(4)定期提供关于恶意电子邮件的培训：向员工讲解鱼叉式网络钓鱼电子邮件和其他恶意电子邮件攻击的危害，采取向企业报告此类尝试性攻击的措施。

(5)监控企业资源：确保对企业资源和网络进行监控，以便及时发现异常和可疑行为，并将其与专家所提供的威胁情报相关联。

对于用户，应注重以下几方面：

(1)更改设备及服务的默认密码：在电脑、物联网设备和 Wi-Fi 网络中采用独特且强大的密码。

(2)确保操作系统和软件为最新版本：攻击者通常会利用最新发现的安全漏洞进行攻击，而软件更新通常会包含修复安全漏洞的相应补丁。

(3)谨慎对待电子邮件：电子邮件是网络攻击的主要感染途径之一。用户应该删除收到的所有可疑邮件，尤其是包含链接或附件的邮件。对于任何建议启用宏以查看内容的 Microsoft Office 电子邮件附件，则更加需要保持谨慎。

(4)备份文件：对数据进行备份是应对勒索软件感染最有效的方式。攻击者可通过加密受害者的文件使其无法访问，以此进行勒索。如果拥有备份副本，用户则可以在感染清除后即刻恢复文件。

1.5 电力交换机发展趋势

工业以太网交换机，是指其在技术上与商用以太网交换机(IEEE 802.3 标准)兼容，但在材质选用、产品强度和适用性方面能满足工业现场的需要，即在环境适应性、可靠性、安全性和安装使用方面满足工业现场的需要的交换机。因此，对于用于电力行业的工业以太网交换机，重点是能满足变电站相关功能和性能要求。

本小节将从性能要求、功能需求和环境及安全要求等方面对电力以太网交换机的特点和发展需求进行介绍，进而展开对电力以太网交换机未来发展趋势的讨论。

1.5.1 电力以太网的发展趋势

随着社会的进步和科技的不断发展，电力系统的规模及复杂程度都在迅速的增长，越来越多通信业务被不断地提出，以满足运行、维护及行政通信的要求。电网通信系统中传输的信息内容主要包括：电力调度、通信调度、电网行政管理、防汛指挥等话音信息，电力调度自动化信息，远方保护信息，电网负荷管理信息以及传真、图像、电子信函，等等。

一个类似于邮电通信网的电力通信网的组建成为必然，但同时电力通信网与电信公网也存在着明显区别。电力通信网承载的重要业务之一是电力系统实时控制业务，其对实时性和可靠性要求很高，总体通信容量和业务颗粒相对较小，网络拓扑相对复杂。尤其是继电保护/远方保护与安全自动装置等信号，是保证电网安全、稳定运行必不可少的控制信号，对传输通道提出极高的可靠性和较短的传输时延要求，其通道时延以及时延对称性是保护通道设计的重要技术指标。

以太网的发展推动着电力信息化水平的不断提高，计算机技术广泛应用于电力调度、生产和管理之中。电力行业是关系国计民生的重要基础行业，同时也是技术、资金密集型行业，因此电力网络安全尤其重要。从 2000 年起，电力行业针对电力生产运行中发现的一些实际问题，深入开展了电力监控系统安全防护工作，按照"安全分区、网络专用、横向隔离、纵向认证"的安全防护总体策略和监控系统安全可控的基本原则，建立了栅格状的电力监控系统安全防护体系，下面将对安全防护总体策略进行展开介绍。

1.5.1.1　安全分区

根据系统中业务的重要性和对一次系统的影响进行分区，重点保护生产控制以及直接生产电力的系统。根据电力系统的特点和安全要求，整个二次系统分为四个安全工作区：第一区为实时控制区（Ⅰ），第二区为非控制业务区（Ⅱ），第三区为生产管理区（Ⅲ），第四区为管理信息区（Ⅳ）。

安全区Ⅰ是实时控制区，安全保护的重点和核心。凡是具有实时监控功能的系统或其中的监控功能部分均应属于安全区Ⅰ。安全区Ⅱ是非控制业务区，不直接进行控制但和电力生产控制有很大关系，短时间中断就会影响电力生产的系统均属于安全区Ⅱ。安全区Ⅲ是生产管理区，该区的系统为进行生产管理的系统。安全区Ⅳ是办公管理系统，包括办公自动化系统或办公管理信息系统。

不同安全区确定不同安全防护要求，其中安全区Ⅰ安全等级最高，安全区Ⅱ次之，其余依次类推。

1.5.1.2　网络专用

电力调度数据网应当在专用通道上使用独立的网络设备组网，在物理层面上实现与电力企业其他数据网及外部公用数据网的安全隔离。电力调度数据网划分为逻辑隔离的实时子网和非实时子网，分别连接实时控制区和非控制业务区。

安全区Ⅰ和安全区Ⅱ的业务系统在与其终端的纵向联接中使用无线通信网、电力企业其他数据网（非电力调度数据网）或者外部公用数据网的虚拟专用网络方式（VPN）等进行通信的，应当设立安全接入区。

1.5.1.3 安全区间的横向隔离及纵向认证

在各安全区之间均需选择适当安全强度的隔离装置。具体隔离装置的选择不仅需要考虑网络安全的要求，还需要考虑带宽及实时性的要求。安全区之间的隔离装置必须是国产并经过国家或电力系统有关部门认证。安全区Ⅰ与安全区Ⅱ之间采用硬件防火墙可使安全区之间逻辑隔离。禁止跨越安全区Ⅰ与安全区Ⅱ的E-mail、Web、telnet、rlogin。安全区Ⅰ/Ⅱ与安全区Ⅲ/Ⅳ之间采用物理隔离装置可使安全区之间物理隔离。禁止跨越安全区Ⅰ/Ⅱ与安全区Ⅲ/Ⅳ的非数据应用穿透。物理隔离装置的安全防护强度适应由安全区Ⅰ/Ⅱ向安全区Ⅲ/Ⅳ的单向数据传输。由安全区Ⅲ/Ⅳ向安全区Ⅰ/Ⅱ的单向数据传输必须经安全数据过滤网关串接物理隔离装置。同一安全区间纵向联络使用VPN网络进行连接，安全区Ⅰ/Ⅱ分别使用SPDnet的实时VPN1与非实时VPN2，安全区Ⅲ/Ⅳ分别使用SPInet的VPN。

1.5.1.4 电力监控系统网络安全监测

针对电力监控系统网络空间巨大、安全管控任务艰巨的实际情况，按照"监测对象自身感知、网络安全监测装置分布采集、网络安全监管平台统一管控"的原则，构建电力监控系统网络安全监管体系，实现网络空间安全的实时监控和有效管理。地级以上的调控机构建设网络安全管理平台，变电站(站控层)、电厂部署网络安全监测装置，全面监控网络空间内计算机、网络设备、安防设施等设备上的安全行为，进一步完善电力监控系统安全防护体系。

被监测系统(各级调度控制系统、变电站监控系统、发电厂监控系统、配电自动化系统、负荷控制系统等)内的监测对象自身负责产生所需安全信息。网络安全监测装置部署于各被监测系统中，负责实现对被监测系统内各监测对象的安全信息采集，并为网络安全监管平台提供信息上报及服务调用。网络安全监管平台部署于调度主站，负责收集所管辖范围内所有网络安全监测装置的上报信息，进行运行监视、安全分析、安全审计等，同时调用网络安全监测装置提供的服务实现安全核查等功能。

1.5.2 电力以太网交换机的发展趋势

在电网的安全运行中，电力自动化系统的发展为其经济、安全发挥出了重要作用，随着信息化进程不断加快，电网的结构相应地变得复杂许多。

电力调度通信网是电力系统的重要组成部分。作为电力调度最重要的手段，电力通信尤其是电力调度交换系统必须要适应电网结构的变化发展要求。通过电力交换机建立技术先进的调度交换网，优化了资源配置，让各级调度交换网之间互联互通，有力地保障了电网的安全运行。

而变电站作为整个电网中的一个节点，在电网中担负着电能传输、分配的任务，是电网自动化系统的一个重要组成部分。电力以太网交换机在现如今的智能变电站中也承担着关键数据传输的重要角色。智能变电站信息采集交换的数字化、网络化是智能变电站新技术发展及各种高级应用功能实现的基础，而电子式互感器将采集到的电压和电流信号转换成数字信号，通过光纤传送到交换机上，二次设备都将通过交换机获取数据并进行处理。

从智能变电站试点建设情况和网络化发展趋势，可以将网络交换机分为传统变电站交换机、智能变电站初期交换机、智能变电站专用交换机。

(1)传统变电站交换机：满足变电站恶劣环境以及电力应用特点的工业交换机。在商用交换机的基础上，采用工业级设计和元器件，增加了可靠性的要求，从功能和性能的角度看与商用交换机区别不大，也是目前智能变电站应用普遍的一类。

(2)智能变电站初期交换机：在第一代基础上，根据已有的国际标准和智能变电站标准，增加了特殊网络功能以满足智能化需求的工业交换机。基本满足智能变电站高速数据采集及保护控制功能的部分要求，但由于交换机采用存储转发机制，从理论上存在传输延时不确定的问题。

(3)智能变电站专用交换机：在前两代基础上，为解决智能变电站网络采样和网络可视化等特殊需求，产生的智能变电站专用网络交换机。可以有效地解决网络采样、流量监控及网络可视化、设备在线管理及异常流量限速等需求。第三代交换机改变了通用交换机的设计，在FPGA处理中需要对物理接口特性如CRC、时延可测、特殊帧格外重视，并满足IEEE 802.3的要求。

这种智能变电站专用交换机是现阶段电力以太网交换机的主要发展方向，随着网络技术的发展、IEEE 1588产品的推行以及工程应用的经验累积，电力专用交换机的技术已日渐成熟。

为达到高精度时间同步目的研制的基于IEEE 1588协议的新型交换机，不仅在每个端口设置独立的硬件来获取同步报文进入和离开交换机的时标，即主时钟(可产生准确定时信号以控制其他时钟设备的参考时钟)到交换机的时间和交换机到从时钟(接收主时钟同步时钟信号的时钟)的时钟，还具备高精度的内部时钟用来测量同步报文在交换机内的驻留时间。由此，从时钟就可得到整个主从时钟之间的传输延时，对得到的时钟延迟进行补偿和修正。精确地统一了电力系统中继电保护及其他安全自动装置的时间基准，提高了电力系统的可靠性，是智能变电站时钟同步技术发展的趋势。

此外，智能变电站专用交换机能根据智能变电站应用需求，基于IEC 61850标准建模，增加了精确时间同步、动态组播、网络管理等特殊网络功能，并针对智能变电站网络采样和网络可视化等特殊需求增加了SCD文件导入、时间戳、可视化管理、VLAN智能配置、流量控制等功能。

1.5.3 基于IEC 61850标准的交换机建模简介

随着智能变电站的实施与推广，IEC 61850已广泛应用于变电站信息通讯中。而以太网交换机在其中承担着关键数据传输的重要角色，与其他继电保护装置一样实施统一信息建模很有必要。

1.5.3.1 IEC 61850标准的基础模型

IEC 61850按照变电站自动化系统所要完成的控制、监控和继电保护三大功能，从逻辑上将系统分成三层，即站控层、间隔层、过程层，如图1.17所示。

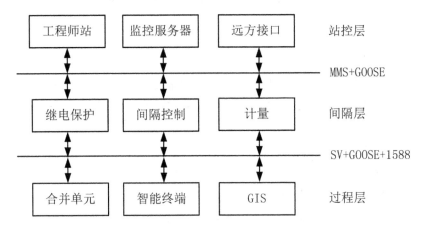

图 1.17　IEC 61850 通信体系架构

过程层主要完成开关量 I/O、电流/电压模拟量的采样和控制命令的发送等与一次设备相关的功能，该层的物理设备主要是合并单元、智能终端或气体密封组合开关装置(GIS)；间隔层主要功能是实现继电保护功能及二次测控系统的功能，间隔层设备包括保护设备、测控设备和计量设备；站控层的功能分为两类：①利用各个间隔或全站的信息对多个间隔或全站的一次设备发生作用，如母线保护或全站范围的互锁；②与接口相关的变电站层功能，主要是人机界面接口(HMI)、远方控制中心接口(TCI)以及与远方监视和维护工程师的接口(TMI)，该层的物理设备主要有带数据库的监控主机，工程师站和远方通信接口等。

过程层网络负责过程层设备和间隔层设备之间电压互感器(PT)和电流互感器(CT)瞬态采样值(SV)的采集和保护控制开关量传输；站控层网络承载间隔之间五防联锁信号、间隔和站控层之间四遥(遥信、遥测、遥控、遥调)信号。

IEC 61850 系列标准采用了面向对象的统一建模技术，用对象继承的方法设计不同层次的类，为系统建立了一个统一的信息分层抽象数据对象模型。并采用了独立于具体网络应用协议的抽象通信服务接口(ACSI)实现信息交换。因此，依据 IEC 61850 标准，对变电站 IED 设备的自动化功能服务建模可归纳为以下几个步骤：

(1)将 IED 中需要通信的每个最小功能建成一个最小单元——逻辑节点(logical node, LN)，多个 LN 合并成逻辑设备(logical device, LD)，用数据对象(data object, DO)、数据属性(data attribute, DA)对模型进行填充、描述，实例化信息模型属性。

(2)依照抽象通信服务接口(abstract communication service interface, ACSI)，构建抽象通信服务模型。

(3)依照特殊通信服务映射(specific communication service mapping, SCSM)将抽象的通信服务映射到具体的通信网络协议上。

(4)使用变电站配置描述语言(substation configuration description language, SCL)将建

好的抽象模型生成 IED 设备的自描述配置文件，保证各个厂商的产品可以相互识别，自由沟通。

1.5.3.2　交换机统一信息模型

交换机在智能变电站中承担着关键数据传输的重要角色却游离于整个自动化系统之外，导致交换机的工作信息以及承载的网络工况不能有效集成到自动化系统内。因此对交换机实施统一信息建模，实现后台统一监控管理十分必要。

现阶段，交换机的各项配置工作需要在系统集成阶段人工完成，无法自动完成，给交换机的检修和维护带来了不便。交换机中某些参数的设置，决定了交换机的数据转发方式，关系到继电保护中许多关键信息的发送和接收，但不同厂家对参数的命名和描述不一致，配置工具互不兼容，给交换机的配置和管理带来困难。为此，国内外提出了"将交换机 IED 化"的解决思路，将交换机作为独立的变电站二次设备进行性能监视、配置及管理。

建立基于 IEC 61850 标准的交换机信息模型，统一描述状态信息和配置信息，是实现交换机 IED 化的重要前提。对交换机的网络运行状态参数和可配置参数进行统一表达，一方面可以利用报告等方式将网络故障、告警等信息及时发送给运行人员；另一方面可以借鉴继电保护定值的管理方法对交换机的可配置参数进行管理，保证交换机及通信系统的正常工作。交换机统一信息模型在网络监视和参数管理中的作用如图 1.18 所示。

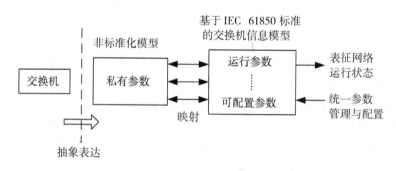

图 1.18　交换机统一信息模型在网络监视和参数管理中的作用

基于 IEC 61850 标准的交换机信息模型能通过 MMS 报文与保护监控后台通信，将交换机自身状态信息上送，交换机的标准化、自动化配置使得智能变电站交换机不再游离于监控系统之外，而是无缝嵌入到智能变电站控制系统，这将进一步提高智能变电站监控和运维水平，提升信息共享和互操作能力。

在交换机统一信息模型的基础上，可以对模型进行描述，形成交换机的各种配置文件，如 IED 能力描述文件（ICD）、配置 IED 描述文件（CID）等，将交换机的配置纳入变电站系统和设备的统一配置流程中，如图 1.19 所示，为实现交换机设备的标准化、自动化配置提供了技术条件。

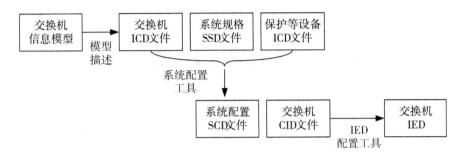

图 1.19 交换机统一信息模型在系统和设备配置中的作用

第2章　电力以太网交换设备

2.1　电力以太网交换机

电力以太网交换机被广泛地应用于电力生产调度，它在电力通信中具有举重若轻的作用。在当前的电网调度系统中，通常是将地调度交换机作为调度指令信息发送节点，在其周围部署各集控站和变电站，以此构成电力通信调度组网的基本脉络。这都对承载通信网络的电力以太网交换机的功能、性能和可靠性提出了非常高的要求。

而智能变电站为了实现全站信息数字化、通信平台网络化、信息共享标准化的基本要求，采用以太网络作为基本通信网实现设备间的数字化交互及共享，电力以太网交换机也因此成为智能变电站二次系统关键设备。

2.1.1　电力以太网交换机的特点

电力以太网交换机作为电网通讯调度共享、数字化信息采集的执行单元，是建设坚强智能电网的重要基础设备。

2.1.1.1　电力以太网交换机性能特点

电力以太网交换机主要应用于复杂电网环境中的实时以太网数据传输，具有高可靠性、确定性和实时性的特点。

1. 高可靠性

电力工业网络必须连续运行，它的任何中断和故障都可能造成停产，甚至引起设备和人身事故。因此电力工业控制网络必须具有极高的可靠性，如控制网络要求交换机在全线速转发条件下过程信息和操作实现零丢包率。

电力以太网交换机的高可靠性通常包含两个方面的内容：

（1）可使用性好，网络自身不易发生故障。这要求网络设备质量高，平均故障间隔时间长，能尽量防止故障发生。电力以太网交换机应具有完善的自诊断功能，并能以报文方式输出装置本身的自检信息，与变电站自动化系统状态监测接口。

（2）可维护性高，故障发生后能及时发现和及时处理，通过维修使网络及时恢复。当网络系统出现失效时：①系统能采取安全性措施，如及时报警、输出锁定、工作模式切换等；②系统能具有极强的自诊断和故障定位能力，且能迅速排除故障。装置应是模块化的、标准化的、插件式结构；大部分板卡应容易维护和更换，且允许带电插拔；任何一个模块故障或检修时，应不影响其他模块的正常工作。

2. 系统响应的确定性与实时性

随着电力信息化建设进程的推进以及电力调度自动化水平的不断提高，各种生产和管理信息逐渐多元化。电力通信网承载的重要业务之一是电力系统实时控制业务，其对确定性和实时性要求很高。智能变电站中，基于数据信息网络化传输的继电保护系统逐步取代了基于二次电缆硬连接的传统保护模式。这在极大地提升了信息共享水平的同时，也造成了继电保护性能更大依赖通信网络的确定性和实时性。

智能变电站过程层网络是智能变电站安定稳定运行的重要保障。过程层网络中传送保护跳闸、保护启动、保护闭锁、断路器位置、采样值等实时信息，对信息传输的实时性有很高的要求，要求电力以太网交换机在数据传输可靠的基础上，保证数据传输的实时性，尽量减小数据传输延时，不影响保护正常运算，不降低关键性能。

2.1.1.2 电力以太网交换机的功能需求

变电站对交换机的功能需求基本体现在以下几个方面：

(1)数据帧转发和过滤。支持电力相关协议数据的转发功能；应实现基于 IP 或 MAC 地址的数据帧过滤功能。

(2)组网功能。可按照电力系统的需求组网，组网协议应采用国际标准协议。

(3)多链路聚合。支持物理上多条单独的链路作为一条独立逻辑链路使用以获得更高宽带，链路聚合时不丢失数据。

(4)网络管理功能。支持 SNMPv2 的网络管理能力，支持 Web 界面配置，支持网络拓扑发现、交换机工作状态识别、异常告警信息及日志上传。

(5)安全功能。交换机应满足 IEC 62351-6—2007 和 IEC 62351-7—2010 要求，并具有以下安全功能：

① 应支持基于 MAC 的捆绑功能；

② 应支持用户权限管理，至少支持管理员权限和普通用户权限，普通用户不能修改设置；

③ 提供密码管理，密码不少于 8 位，为字母、数字或特殊字符组合而成；

④ 提供日志查阅功能，可以对交换机登录、修改设置等进行查阅；

⑤ 应支持对非法数据报文的过滤功能，如 CRC 校验错误、MAC 源地址错误等；

⑥ 应具有抵御恶性攻击能力。

(6)组播流量控制及优先级。支持组播流量控制限制智能变电站中 GOOSE 和 SV 组播报文的转发范围，交换机通过优先级功能保证重要数据的实时性。

(7)端口流量抑制功能。当网络发生异常时，网络数据量迅速膨胀，远远大于正常使用的量，影响正常通信，甚至造成部分智能电子设备故障。端口流量抑制功能控制每个端口的广播流量维持在特定比例之下，控制提供一种抑制广播数据流量过多地进入到网络中的手段，并保留带宽给必要的应用。

(8)端口镜像功能。智能变电站信息基于网络方式传输，因此为了实现对于变电站运行、操作过程的有效判断，必须实现对于网络上 SV、GOOSE、MMS 信息完整记录。端口镜像功能可以将某一端口或多个端口的数据复制到一个指定的镜像端口。利用端口镜像功能，记录仪可以对智能变电站通信过程进行记录，从而实现在 SV、GOOSE、MMS 信息完整记录。

（9）时钟同步功能。智能变电站采取网络同步方式，间隔层采用 SNTP 标准，支持简单网络时间协议 SNTP，过程层采用 IEEE 1588 标准，交换机作为智能电子设备连接的汇集点，应具备实现对于所连接的智能电子设备实现同步的功能。

（10）网络重构功能。目前网络重构功能主要应用于 IEEE 802.1d 的生成树协议，该协议是链路管理协议，就是消除网络拓扑中任意两点之间可能存在的重复路径，讲两点之间存在的多条路径划分为"通信路径"和"备份链路"，数据转发在"通信路径"上进行，"备份链路"只用于链路的侦听，一旦发现"通信路径"失效时，自动地将通信切换到"备份链路"上，这样，可以支持环形网络结构的网络重构功能实现。

2.1.1.3　电力以太网交换机的环境及安全要求

用于变电站的电力以太网交换机面临着严酷和复杂的运行环境，在此环境下其性能和可靠性直接影响到变电站的安全运行。因此，必须对变电站的运行环境进行分析，并确定工业以太网交换机的环境及安全要求。

1. 环境温湿度要求

电力以太网交换机一般都具有紧凑的机身，其散热方式为无风扇外壳散热。交换机在长期运行过程中，当空气流通受到限制时，其内部的温度会升高，若要保证变电站的正常运行，就必须要求交换机能够耐受极端的高温。另外，变电站的工作场所可能会受到低温和相对湿度的影响，对以太网交换机的工作性能和绝缘性能也是一大考验。

变电站的运行环境各处有所不同。IEC 61850-3 规定，在变电站中运行的通信设备应能满足 IEC 60870-2-2 推荐的环境温度要求。该标准将设备的工作场所分为以下四类：A 类，空调场所；B 类，封闭的加热或制冷场所；C 类，遮蔽场所；D 类，室外场所。

在变电站中运行的电力以太网交换机大多数都处于 C 类遮蔽场所。对环境类型 C 的工作和存储环境温湿度又细分为 3 种：

① C1，温度 $-25℃ \sim 55℃$，湿度 $5\% \sim 95\%$；

② C2，温度 $-40℃ \sim 70℃$，湿度 $10\% \sim 100\%$；

③ Cx，特定。

对智能变电站中的电力以太网交换机应根据实际情况。要求其满足 C1、C2 或者 Cx（如温度 $-25℃ \sim 85℃$，湿度 95%）规定的工作环境温、湿度范围，如安装在变电站控制室内的交换机，可要求其满足 C2 或 Cx 标准。

2. 绝缘性能要求

在电力以太网交换机的运行中，除了长期运行在工频额定电压下，还会受到短时间过电压的作用。该过电压除了负载切除或各种故障发生而产生的短时间的工频过电压外，在自然界的雷击过程中，以及一次回路的各种操作过程中，也会通过不同的途径输入到交换机的回路中，而电力以太网交换机的紧凑机身和元器件及网口的密集分布，使其绝缘性能更容易受到影响，对变电站的可靠运行具有极大的危险。必须对交换机进行截止强度和冲击电压检验，才能保证交换机在变电站的可靠运行。测试依据标准为 IEC 60255-5 或

IEEE 1613。

3. 低气压要求

当电力以太网交换机运行在高海拔地区时，必须考虑因海拔升高而产生的低气压的影响。

低气压对电子产品的影响主要有以下 3 方面：

(1)产品的温度随着气压的降低而升高，从而导致产品性能下降或运行不稳定；

(2)由于压差的存在，导致密封产品的外壳变形、密封件破裂，造成产品失效；

(3)以空气作为绝缘介质的产品，由于气压的降低，经常在电场较强的电极附近产生局部放电现象，严重时发生空气间隙击穿，破坏产品的正常工作状态。

因此，需要测试交换机在低气压，特别是高温，低气压条件下的性能，主要包括绝缘性能和产品性能，如测试条件为 70kPa(对应于海拔 3000m)、环境温度为+55℃。

4. 机械性能要求

一般变电站环境都有轻度的震动和冲击，其场所属于 Bm 级(见 IEC 6087-2-2 中的规定)，该级别也适用于良好的运输条件(如具有减震装置)。因此，在机械结构要求方面，电力以太网交换机需要震动和冲击耐久度检验，登记为 Bm 级。其中，振动耐久采用正弦稳态振动，即恒定唯一复制和加速复制结合的方式进行测试。

5. 电源影响要求

电力以太网交换机电源一般为冗余双电源设计，直流供电模式，有效提高系统的安全可靠性。但有些变电站环境并不是很理想，可能用变电站内的交流电源屏或站用变直接为交换机提供电源，会导致交换机出现死机或数据丢失的现象。

因此，需要对电力以太网交换机进行电源的相关测试。采用交流电源供电时，进行交流电源谐波，交流电源电压和频率变化检验；采用直流电源供电时，进项电源电压中断，直流电源电压变化、直流电源输入纹波检验。

2.1.2 电力以太网交换机新技术

电力以太网交换机作为变电站的二次侧网络信息交换枢纽，其功能、性能及对环境的适应性对于变电站的正常高效运行起着至关重要的作用，并随着变电站数字化、智能化程度的提高，其重要性也越来越高。近年来随着智能变电站建设的推进，传统电力以太网交换机在智能变电站的应用中逐渐显现出一定的局限性。例如，交换机运行状态无法纳入智能变电站进行统一管理，交换机无法独立控制因接入设备异常而产生的组播风暴，数据传输延时不可控等。

针对目前电力以太网交换机的局限性，各交换机厂家面向智能变电站应用而开发高性能、高可靠和高安全的电力专用交换机。电力专用交换机遵循 IEC 61850 标准，充分考虑智能变电站通信要求，采用电信级以太网、硬件时间戳、优先级、智能内容识别等先进技术，构建实时、互动、开放、灵活的通信网络。

2.1.2.1　IEC 61850 标准建模

传统电力以太网交换机存在参数管理方式不统一、运行状态无法监视等问题，给智能变电站的安全运行带来了较为严重的隐患。

电力专用交换机遵循 IEC 61850 标准建模，对能够表征网络运行状态的参数和可配置参数进行统一表达，一方面可以利用报告等方式将网络故障、告警等信息及时发送给运行人员；另一方面可以借鉴继电保护定值的管理方法对交换机的可配置参数进行管理，保证交换机及通信系统的正常工作，因而具有重要意义。

在交换机统一信息模型的基础上，对模型进行描述，形成交换机的各种配置文件，将交换机的配置纳入变电站系统和设备的统一配置流程中。这为实现交换机设备的标准化、自动化配置提供了技术条件。

2.1.2.2　延时可测

智能变电站过程层网络采样模式中，采样数据报文的传输依赖交换机，而报文在交换机内的传输延时是不确定的，传统电力以太网交换机采样同步依赖外部时钟，一旦时钟源失稳，则很难保证采样值同步。电力专用交换机利用 IEC 61850-9-2 帧结构中 reserved 字段测量并保存采样报文的驻留时间。交换机根据 SCD 文件中配置的每组 SV 发送信息识别 SV 报文中 MU 固有延时的品质位的位置，将交换延时写入其中，实现延时的准确标记。保护装置可以依赖本地时间基准，通过插值法进行延时补偿，还原收到的多个间隔采样数据的发生时刻，完成采样值的同步处理，不依赖外部时钟源。

2.1.2.3　网络可视化与智能配置技术

传统电力以太网交换机需要人工进行间隔划分和 VLAN 划分，变电站的二次回路在投入运行后并不是一成不变的，在运维、改扩建等各项工作中均应保证 VLAN 配置与二次回路的变更保持一致。二次回路变更后，二次装置下装工作的自动化、规范化程度已经很高；但由于技术所限，交换机 VLAN 的调整仍需人工完成，工作量大，完成质量也缺乏保证。

电力专用交换机能够读取 SCD 文件，通过判断数据 MAC 地址和 APPID 信息自动感知数据流，并进行可视化呈现，VLAN 和端口限速的自动配置。交换机导入 SCD 文件后，各端口接入相应 IED 装置数据后，自动呈现变电站网络和设备架构示意图，从而实现即插即用，方便工程调试和检修管理。

2.1.2.4　流量控制及安全隔离

在智能变电站网络中，当接入交换机的设备因异常产生大量的组播数据帧时，将会影响交换机其他接入端口正常组播数据的转发性能。为提升智能变电站过程层网络 GOOSE、SV 报文传输的可靠性，避免因某路 GOOSE 或 SV 报文故障而导致整个过程层网络异常的情况发生，电力专用交换机对不同报文类型划分逻辑子图，对不同逻辑子网分配相互独立的物理资源，实现逻辑子网的互相隔离，一种类型报文的流量骤增不影响其他类型报文的正常传输。并针对每路 GOOSE 和 SV 报文分别进行流量控制，确保发生风暴的 GOOSE/SV 报文仅占用网络传输带宽的一小部分，保证其他网络带宽能够正常传输 GOOSE/SV 报文。

2.1.3 智能变电站以太网交换协议

智能变电站中实现信息交换的以太网交换协议主要有 GOOSE 通信协议、SV 通信协议和 MMS 通信协议。智能变电站中基于 GOOSE 通信协议实现间隔层和过程层设备之间的状态与控制数据交换，基于 SV 通信协议实现间隔层和过程层设备之间的采样值传输，基于 MMS 通信协议实现间隔层设备与站控层设备间通信。

2.1.3.1 GOOSE 通信协议

GOOSE 面向通用对象的变电站事件，主要用于实现在多 IED 之间的信息传递，包括传输跳合闸信号，具有高传输成功概率。

GOOSE 采用发布者/订阅者机制进行信息交换，如图 2.1 所示，发布者将值写入发送侧的当地缓冲区，订阅者从接收侧的当地缓冲区读取数据，通信系统负责刷新订阅者的当地缓冲区，发布者的通用变电站事件控制类用以控制整个过程。

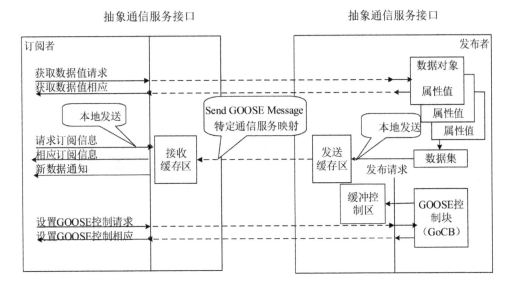

图 2.1 信息交换方式

发布者/订阅者传输机制可实现站内快速、可靠的发送输入和输出信号量，利用重传机制可保证通信的可靠性。GOOSE 报文传输利用组播服务，可同时向多个物理设备传输同一个通用变电站事件。GOOSE 报文可以快速可靠地传输实时性要求非常高的跳闸命令，也可同时向多个设备传输开关位置等信息。

1. GOOSE 报文结构

GOOSE 报文符合标准以太网帧格式，一个报文包含前导码、界定符、目的地址、源地址、数据 PDU 及校验码等几部分，在使用 VLAN 技术的 GOOSE 网络中，报文中还包含 2 个字节的优先级标记区。数据 PDU 是 GOOSE 报文的核心部分，它由报文类型、报文数据长度、报文应用标识及应用数据 PDU 等组成，典型的 GOOSE 报文结构如图 2.2 所示。

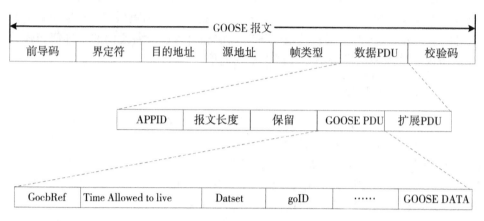

图 2.2　GOOSE 报文结构

GOOSE 源传输 GOOSE 报文，都是以数据集形式发送，一帧报文对应一个数据集，一次发送，将整个数据集中所有数据值同时发送。

如图 2.3 所示，一帧 GOOSE 报文由 AppID、PDU 长度、保留字 1、保留字 2、GOOSE PDU 组成，其中 GOOSE PDU 为可变长度，由数据集中 DA 的个数决定。其中：

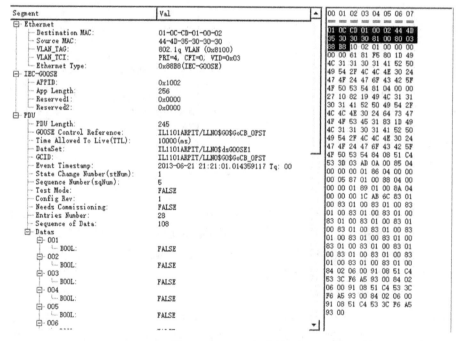

图 2.3　GOOSE 报文帧

（1）AppID 表示 GOOSE 报文的应用标识，范围为 0x0000~0x3fff，其值来源于 GOOSE 配置文本中目的地址中的 AppID。

（2）App Length 表示从 AppID 开始计数到 PDU 结束的全部字节长度。

（3）Reserved 1、Reserved 2 为保留字，两个保留字值默认为 0x0000。

（4）GOOSE PDU 表示协议数据单元，其中包含报告控制块信息及数据信息。

① GOCBRef：控制块引用名。

② timeAllowedtoLive：允许生存时间。

例 timeAllowedtoLive：10000，该报文在网络上允许生存的时间，超时后收到的报文将被丢弃，主要受交换机报文交换延时影响。

③ DatSet：数据集引用名，来源于 GOOSE 文本中控制块的 DatSet。

④ goID：GOOSE 控制块 ID

⑤ t 或者是 event timestamp：事件时标，指该帧报文产生的时间。

⑥ State Number：状态号，范围是 0~4294967295，从 0 开始，每产生一次变化数据，该值加 1。

⑦ Sequence Number：序号，范围是 0~4294967295，从 0 开始，每发送一次 GOOSE 报文，该值加 1。

⑧ TEST：检修标识，表示 GOOSE 源的检修状态。

⑨ confRev：配置版本，来源于 GOOSE 文本中控制块的 ConfRev，可在 GOOSEID 文本中配置，默认为 1。

⑩ ndsCom：Needs Commissioning，暂时未使用到。

⑪ numDatSetEntries：数据集条目数，控制对应的数据集中的条目数。

⑫ Datas：数据集中每个数据的实时值。

常见的 GOOSE 参数分布为布尔型、位串型、时间型、浮点型四种类型，如图 2.4 所示。布尔型有 0 和 1 两种状态，用于表示普通的开关量信息；位串型有 00、01、10、11 四种状态，一般用于表示开关、刀闸等双位置信号，00 表示中间位置，01 表示分位置，10 表示合位，11 表示无效位置；时间型数据用于表示数据变位的 UTC 时间，通常在数据集中建立属性名称为 t 的条目；浮点型用于传递温度、湿度等模拟量采集信号。

2. 智能变电站 GOOSE 网络通信机制

GOOSE 网络的信息传输机制采用典型的"发布者/订阅者"机制，属于事件驱动网络。在 GOOSE 信息传输过程中，首先由订阅者主动询问发布者以获取所需数据，得到响应之后，其次由发布者中的控制模块控制整个网络的信息传输过程，一般是发布者向自身的缓冲区写入发布数据，并通过网络传输到订阅者的缓冲区之后，最后由订阅者的控制模块接收订阅信息。发布者是否发送信息，通常取决于发布者发送的数据部分是否发生变化，为保证确保通信过程的可靠性，GOOSE 通信协议采取了报文重发和加入报文存活时间参数两种方式，确保报文能够可靠地被订阅者接收。

以太网通信技术是 GOOSE 网络通信的支撑技术，因此 GOOSE 网络的通信协议栈也

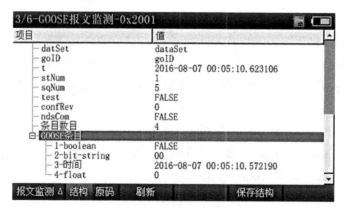

图 2.4　GOOSE 参数类型

符合 OSI 标准七层模型，但为提高网络中报文传输的实时性，在 GOOSE 通信协议栈中省去了传输、会话和网络层，并在表示层使用 ASN.1 编码将数据直接映射到数据链路层，从而有效减少了数据传输过程中设备解包和压包的时间，降低网络中数据传输的时延。数据在终端产生时，首先由应用层的任务启动相关数据生成的进程，其次通过表示层来确定两个通信设备间的信息交换方式并将数据直接映射到数据链路层，数据链路层按照 GOOSE 报文标准的帧格式将数据组合为数据帧，最后由物理层将数据帧解码为比特流并通过发送端口发送到传输介质上，GOOSE 网络通信协议栈如图 2.5 所示。

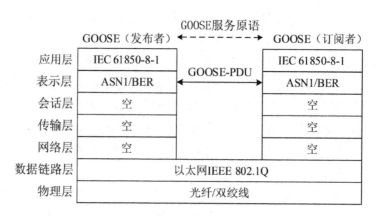

图 2.5　GOOSE 网络通信协议栈

3. GOOSE 的收发机制

（1）GOOSE 的发送机制。

GOOSE 报文发送采用心跳报文和变位报文快速重发相结合的机制，当有 IEC 61850-7-2 中定义过的事件发生后，GOOSE 服务器生成一个发送 GOOSE 命令的请求，该数据包将按照 GOOSE 的信息格式组成并用组播包方式发送。为保证可靠性一般重传相同的数据包若干次，在顺序传送的每帧信息中包含一个"允许存活时间"的参数，提示接收端接收下一帧重传数据的最大等待时间。如果在约定时间内没收到相应的包，接收端认为链接丢失。

在 GOOSE 传输机制中，有两个重要参数 StNum 和 SqNum，StNum（0～4294967295（FFFFFFF））反映出 GOOSE 报文中数据值与上一帧报文数据值是否有变化，SqNum（0～4294967295）反映出在无变化事件情况下，GOOSE 报文发送的次数（到最大值后，将归 0 重新开始计数）。GOOSE 服务器通过重发相同数据主要是为了获得额外的可靠性。GOOSE 报文的传输机制如图 2.6 所示。其中 T_0 指代的是指网络正常工作状况两个报文的时间间隙。当报文内容发生改变时，智能终端将开始以 T_1 为间隔发送两次新报文，随后分别以 T_2 和 T_3 为间隔发送一次报文，最后回到正常的时间间隔 T_0。IEC 61850 并没有具体规定 T_0、T_1、T_2 和 T_3 的数值，不同的 GOOSE 网络设备厂商对此的取值也不一样，T_0 以秒为单位，而 T_1、T_2 和 T_3 一般以毫秒为单位，且满足 $T_3 = 2T_2 = 4T_1$ 的关系。

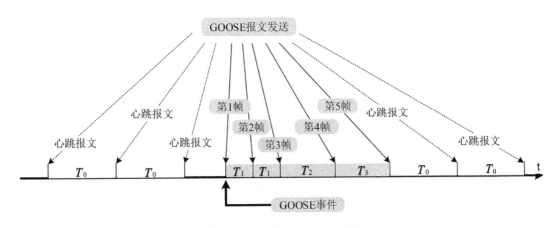

图 2.6　GOOSE 报文发送机制

（2）GOOSE 接收机制。

接收方需严格检查 APPID、GOID、GOCBRef、DataSet、confRev 等参数是否匹配，GOOSE 报文接收时需考虑网络中断或者发布者装置故障的情况，当 GOOSE 通信中断或配置版本不一致时，GOOSE 接收信息易保持中断前状态。

① 单网接收机制。

装置的单网 GOOSE 接收机制如图 2.7 所示。装置的 GOOSE 接收缓冲区接收到新的 GOOSE 报文，接收方严格检查 GOOSE 报文的相关参数后，首先比较新接收帧和上一帧 GOOSE 报文中的 StNum（状态号）参数是否相等。若两帧 GOOSE 报文的 StNum 相等，继续比较两帧 GOOSE 报文的 SqNum（顺序号）的大小关系，若新接收 GOOSE 帧的 SqNum（顺序号）大于上一帧的 SqNum，丢弃此 GOOSE 报文，否则更新接收方的数据。若两帧 GOOSE 报文的 StNum 不相等，更新接收方的数据。

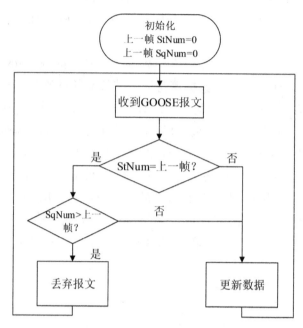

图 2.7　GOOSE 单网接收机制

② 双网接收机制。

装置的双网 GOOSE 接收机制如图 2.8 所示。装置的 GOOSE 接收缓冲区接收到新的 GOOSE 报文，接收方严格检查 GOOSE 报文的相关参数后，首先比较新接收帧和上一帧 GOOSE 报文中的 StNum（状态号）参数的大小关系。若两帧 GOOSE 报文的 StNum 相等，继续比较两帧 GOOSE 报文的 SqNum（顺序号）的大小关系，若新接收 GOOSE 帧的 SqNum（顺序号）大于等于上一帧的 SqNum，丢弃此 GOOSE 报文；若新接收 GOOSE 帧的 SqNum（顺序号）小于上一帧的 SqNum，判断出发送方不是重启，则丢弃此报文，否则更新接收方的数据；若新接收 GOOSE 帧的 StNum 小于上一帧的 StNum，判断出发送方不是重启，则丢弃此报文，否则更新接收方的数据；若新接收 GOOSE 帧的 StNum 大于上一帧的 StNum，更新接收方的数据。

2.1.3.2　SV 通信协议

SV 采样值，IEC 61850 中提供了采样值相关的模型对象和服务，以及这些模型对象和服务到 ISO/IEC 8802-3 帧之间的映射。采样值传输要求特别关注时间约束，模型提供了以有组织的和时间受控的方式报告采样值，因此采样和传输综合抖动最小，并保持采样、次数和顺序恒定。

SV 采样值服务也是基于发布者/订阅者机制，在发送侧发布者将值写入发送缓冲区。在接收侧订阅者从当地缓冲区读值，在数值上加上序号，订阅者可以校检值是否及时刷新。通信系统负责刷新订阅者的当地缓冲区。在一个发布者和一个或多个订阅者之间有两种交换采样值的方法：一种方法是采用 MSVCB（多路广播应用关联控制块）；另一种方法

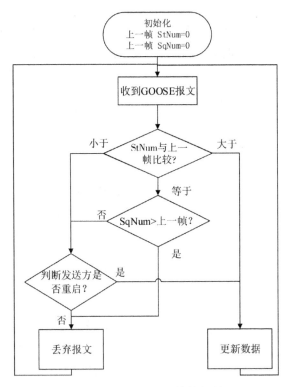

图 2.8 GOOSE 双网接收机制

是采用 USVCB(单路传播采样值控制块)。SV 采样值传输过程如图 2.9 所示。

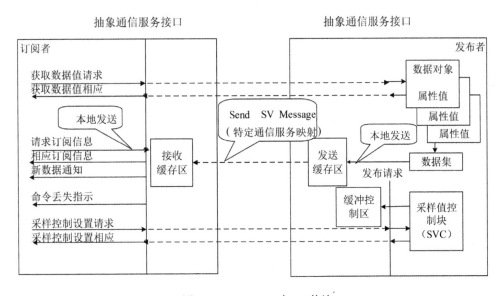

图 2.9 IEC 61850 中 SV 传输

1. SV 报文结构

IEC 61850-9-2 格式的 SV 报文也是具有 IEEE 802.3Q 优先级的以太网帧。一个 SV 报文包含前导码、界定符、目的地址、源地址、数据 PDU 及校验码等几部分(图 2.10)。

		MAC首部		优先级标记			以太网类型PDU					
前导码	帧起始	目的地址	源地址	TPID	TCI	以太网类型	APPID	报文长度	保留1	保留2	APDU	校验码

图 2.10　SV 报文结构

SMV 控制块：描述 IED 将模拟量往外发送的能力。将需要发送的模拟量实例化为不同的 LN，再将其汇总至发送数据集(DataSet)，数据集再关联至 Smvcb。通常只针对合并单元(MU)装置。

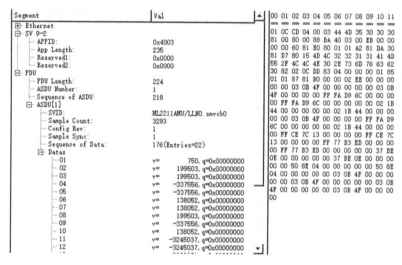

图 2.11　SV 报文帧

Destination：目标 MAC，6 字节；Source：源 MAC，6 字节；Type：0x88BA，2 字节，表明 MAC 包的类型是 SV。

Appid：应用标识，2 字节；Length：APDU 长度，包括从 AppID 开始之后的所有字节数。

Reserved 1、Reserved 2：2 个保留字。

Num of Asdus：一个 SV 包所包含的 Asdu 数目。

SVID：如 TEMPLATEMU1/LLN0 $ SV $ Smvcb0'。

Sample Count：计数器，目前程序中都是一秒钟 Mu 输出 4000 帧，所以它的计数是从 0~3999，在 4000 处清零。

ConFigRev：版本号。

Sample Synched：同步标识，TRUE 表示已同步上。

2. 智能变电站 SV 网络通信机制

SV 网络的信息传输机制采用典型的"发布者/订阅者"机制。在 SV 信息传输过程中，首先由订阅者主动询问发布者以获取所需数据，得到响应之后，其次由发布者中的控制模块控制整个网络的信息传输过程，一般是发布者向自身的缓冲区写入发布数据，并通过网络传输到订阅者的缓冲区之后，最后由订阅者的控制模块接收订阅信息，在数值上加上序号，订阅者可以校检值是否及时刷新。发布者按规定的采样率对输入电压电流进行采样，由内部或者通过网络实现采样的同步，采样存入传输缓冲区，网络嵌入式调度程序将缓冲区的内容通过网络向订阅者发送。采样率为映射特定参数，采样值存入订阅者的接收缓冲区，一组新的采样值到达了接收缓冲区通知应用功能。

SV 网络的通信协议栈如图 2.12 所示，与 GOOSE 网络协议栈类似，也符合 OSI 标准七层模型，采用其中的 4 层，并采用 IEEE 802.1Q 协议，提高可靠性，降低传输延时。

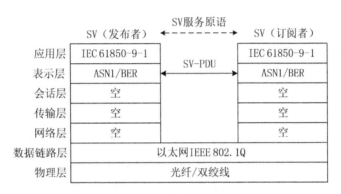

图 2.12　SV 网络通信协议栈

3. SV 收发机制

(1) SV 发送机制。

合并单元发送给保护、测控的采样值频率为 4kHz，SV 报文帧中每个 APDU 部分配置 1 个 ASDU，发送频率固定不变。电压电流的采样值均为 32 位整型，1LSB = 10mV，1LSB = 1mA。采用直接采样方式的所有 SV 网口或 SV、GOOSE 共用网口同一组报文同时发送，除源 MAC 地址外，报文内容应完全一致，系统配置时不必体现物理网口差异。

(2) SV 接收。

SV 采样值报文接收方应严格检查 AppID、SMVID、ConfRev 等参数是否匹配。接收方根据收到的报文和采样值接收控制块的配置信息，判断报文配置不一致、丢帧、编码错误等异常出错情况，并给出相应的报警信号。接收方根据采样值数据对应的品质中的 validity、test 位，来判断采样数据是否有效，以及是否为检修状态下的采样数据。SV 中断后，该通道采样值数据清零。

2.1.3.3　MMS 通信协议

MMS(制造报文规范)是 ISO/IEC 9506 标准定义的一套用于工业控制系统的通信协议，

用于智能设备之间实现实时数据交换与信息监控，具有很强的通用性，已经广泛地运用于汽车、航空、化工、电力等自动化领域。IEC 61850 中采纳该规范来作为变电站站控层与间隔层设备间的通信规约。

1. MMS 报文结构

MMS 位于 OSI 参考模型的应用层，它的服务定义针对制造环境下的实际设备，描述了它们之间的信息交换。MMS 成功地运用抽象建模的方法提取出了实际设备的各种资源和行为，定义了 VMD 及其内部的各种抽象对象，并详细规定了每一种对象应具有的各种属性和相关的服务执行过程。MMS 标准共定义了 80 多种服务，按照操作对象将它们分成十大类：环境和通用管理、VMD 支持、域管理、程序调用、变量管理、信号量管理、事件管理、日志管理、操作员通信、文件管理。

（1）环境和通用管理服务，MMS 为管理网络上两个 MMS 节点间的通信定义了相关服务，相关的对象是应用关联（application association）对象。这些服务用于创建和终止应用关联，处理协议错误。初始化自身和其他关联的节点称为呼叫节点，相应的响应节点称为被叫节点。在 MMS 环境中，两个 MMS 应用使用 MMS 初始化（initiate）服务建立它们之间的关联。这种建立应用关联的方式允许双方在建立关联的过程中对某些选项进行协商。应用关联的创建过程由参数的交换和某些参数的协商构成。交换的参数包括由每个节点确定的适于其本身的限制信息。协商参数是那些由呼叫节点提供而被受叫节点接受、或被受叫节点调整至适合其要求的信息。

（2）VMD 对象和 VMD 支持服务，VMD 对象抽象地描述了一个实际制造设备的外部可见行为，使得 MMS 服务与其内部特性无关。实际制造设备只要遵循 VMD 模型提供的 MMS 服务，并提供与 VMD 之间的映射接口，就可以进入 OSI 环境，成为开放的互连设备。这时，MMS 只需针对统一的 VMD 对象进行管理控制即可完成对实际设备的操作，而从 VMD 到实际制造设备的映射则根据不同设备的具体特性，参照相应的伴随标准实现。

（3）域管理，域（domain）对象代表了 VMD 中逻辑和物理资源的子集。不同的域可以代表 VMD 中不同的资源，其内容可以是一段程序指令、一块参数数据或是硬件资源。域对象可以是静态定义的，即预先在 VMD 中定义好的，对其内容只能进行读、写操作而不能被删除；也可以是动态生成的，在程序运行过程中通过 MMS 服务创建和删除。域对象主要由域名（关键属性）、能力、状态、可共享性、内容等属性组成。其中能力属性为一个实现者定义的字符串序列，用于记载有关实际设备的存储分配、输入输出特性等信息；可共享性属性用于指出该域对象是否可由多个程序调用共享。

（4）MMS 变量模型，在 MMS 的所有模型中，变量模型是最重要的模型之一。它为 MMS 客户提供了访问和控制实际制造设备的机制，提供了一种间接的标准化的内部资源的访问方法，从而实现对实际制造设备的监视和控制。MMS 中引入了实际变量（real variable）和 MMS 变量的概念。实际变量是包含于 VMD 中的具有特定类型的数据元素，它包含有真正的值；MMS 变量是一种虚对象，它表征一种 MMS 客户访问实际变量的机制。

（5）日志，MMS 日志对象（journal）用于表征日志文件。它含有一个按时间戳组织的记录(称为日志项, journal entries)的集合。日志用于存储基于时间的带标记的变量数据、用户产生的注释或事件和带标记变量数据的组合。日志项包含一个时间戳用于指出该日志项中数据的生成时间, 而不是日志项的生成时间。MMS 客户通过指定日志名称(可以是VMD 特定的或应用关联特定的), 并给定客户期望的数据或时间范围来读取日志项, 或者通过指定日志名称和特定日志项的标识符来读取特定的日志项。当日志项被写入日志时, VMD 为其分配唯一的二进制标识, 即标识符。

(6)文件, MMS 为具有本地文件存储但不能通过其他方法提供完整文件服务的设备提供了一套简单的文件传输服务。例如, 很多 MMS 的机器人实现都使用文件服务从客户应用将程序(或域)移到机器人上。MMS 文件服务只支持文件传输, 而不支持文件的访问。尽管文件服务是在标准的附录中定义的, 却有很多的商业 MMS 实现都支持这些服务。

2. MMS 收发机制

采用 TCP 协议进行报文传输, 远动或后台与 IED 设备建立连接前需要先发送 ARP 报文查询对方 MAC 地址, 当得到对方应答并获取 MAC 地址后开始发送 MMS 信息报文。ARP 报文发送间隔一般为 20min。MMS 报文最小为 64B, 最大为交换机能够传输的最大长度 1518B 与各种装置控制的最大长度中的最小值。

MMS 在基于 TCP/IP 的以太网的通信模型如图 2.13 所示, 服务器是通信中环节, 负责对系统进行初始化配置, 以实现应用服务到 MMS 的映射。服务器的流程如图 2.14 所示。

(1)MVL(MMS virtual lite)初始化, MVL 是 SISCO 提供的 MMS 和应用程序接口的通信框架。此模块的主要功能是: 对各类对象如域、有名变量、有名变量列表等动态创建其对象, 确定内存分配的大小。

(2)创建 MMS 对象。主要完成: 读配置文件, SCL 解析, 创建数据类型对象、服务器中实体对象包括 VMD 中的域、有名变量以及 MMS 数据与用户数据的映射。

(3)ACSE 初始化。根据配置文件 osicfg. xml 对底层协议栈进行配置。

(4)MMS 通信服务。该服务的服务原语组建成 MMS PDU 为其提供 ACSE 和表示层的服务。

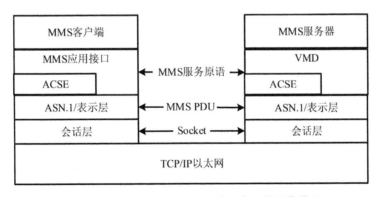

图 2.13　MMS 在基于 TCP/IP 的以太网的通信模型

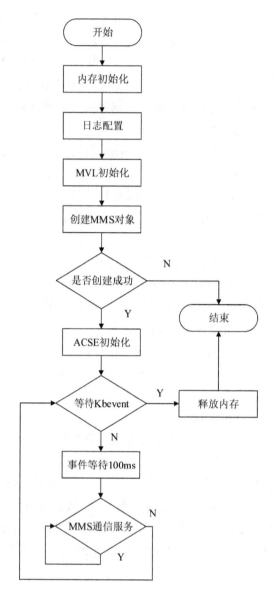

图 2.14　通信服务流程

2.2　延时可测交换机

2.2.1　智能变电站采样传输模式

智能变电站网络化采样的传输模式可分为两种：点对点传输模式和组网传输模式。采样值点对点传输模式如图 2.15 所示，采样值(SV)报文通过光纤等物理介质直接传输给保护装置，传输延时由合并单元的固有延时和光纤传输延时组成。MU 延时是已知的固定值，并根据 IEC 60044-8 要求记录到每帧 SV 报文的数据集中。站内直采光纤长度一般在 2km 以内，该传输的延时为微秒数量级，对于保护控制设备的应用可以忽略不计。在保护端通过插值算法进行 MU 延时补偿可实现采样值同步，并不依赖于交换机和外部时钟源。采样值组网传输模式如图 2.16 所示，过程层的合并单元将所采集的数据通过 SV 网传输给间隔层的保护设备。将采样端合并单元输出的 IEC 61850-9-2 SMV 报文的零标号与时钟源的零标号对齐，实现采样值同步，但这种同步方式依赖于外部时钟源，一旦外部时钟源失稳，则很难保证采样值同步。

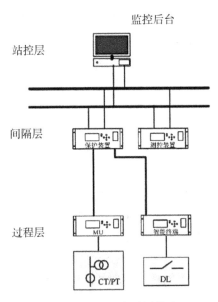

图 2.15　点对点采样模式

目前，国家电网公司投入运行的智能变电站大多采用点对点传输模式，合并单元与保护装置之间采用光纤直接连接，不经过交换机。直接采样方式的优点是保护装置可通过硬件时间戳利用插值算法实现采样同步，从而摆脱对时钟同步系统和交换机的依赖，但其缺点也是显而易见的，变电站过程层网络复杂，不利于数据共享，对于母线保护等跨间隔设备，通信环节非常多，光口功耗及发热量大，在接入间隔数多的情况下甚至必须采用分布式保护方案，更增加了装置数量，对保证保护整体可靠性非常不利；另外，在点对点传输模式下，合并单元通过一根光纤与保护设备直连，不能保证采样数据接收的可靠性，当任意一个通道出现异常的情况下，保护功能就可能受到影响。

组网模式中，采样数据报文的传输依赖交换机，而报文在交换机内的传输延时是不确定的，因此当外部时钟失去时，保护装置无法判断采样数据是否同步。智能变电站继电保护采用组网模式最大的障碍在于保护装置必须依赖于外部时钟以保证采样数据的同步性，当失去外部时钟或外部时钟出现故障时，保护装置将无法正常运行。除此之外，在因主钟快速跟踪卫星信号等情况导致 MU 接收到的时钟信号发生跳变的情况下，若 MU 对同步跟踪的处理不当可能造成假同步，对智能站的安全运行造成严重影响。

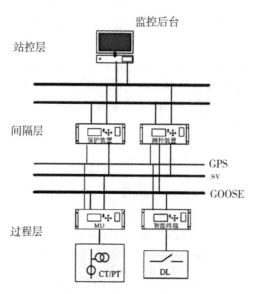

图 2.16　点对点采样模式

延时可测交换机解决了保护装置采样存在的同步性问题，它将 IEC 61850-9-2 采样值报文在交换机中的驻留时间标定在 IEC 61850-9-2 报文的特定字段中，对于多台级联交换机，该标定时间为级联交换机驻留时间的累计，可实现采样值报文经交换机传输，且不依赖于站内的时钟同步系统。因为合并单元采样、转换及交换机传输至保护装置的时间都是可测量的，所以，仍然可以通过插值算法实现保护的采样同步。

2.2.2　延时可测交换机原理

2.2.2.1　数据同步分析

智能变电站网络报文可以分为单播报文、多播报文和广播报文，单播报文包括 MMS、SNTP 等，多播报文包括 SV、GOOSE、IEEE 1588 等，广播报文主要是 ARP。在工程实例中常采用 VLAN、静态组播和 GMRP 进行不同数据的分组和过滤。报文进行分组过滤后，可以将 SV 报文进行对应端口的转发和隔离，但是由于交换机数据转发和通信协议栈传输延时的不确定性，当 SV 采样数据的传输延时未在报文中进行标记时，保护装置无法进行精确的数据同步处理。

采用延时可测交换机进行组网后，交换机可以进行精确的延时测量和补偿，通过交换机精确计算 SV 报文在交换机内的驻留延时 ΔT 并写入 SV 报文内。保护装置利用 MU 固有延时和链路驻留总延时 ΔT 还原收到的多个间隔的采样数据的发生时刻，完成采样值的同步处理。

2.2.2.2　延时标定方法

延时可测交换机延时的测量和记录功能具体实现方法为，当交换机收到第一帧以太网帧第一个 bit 时打上时间戳 T_1，填入 SV 第 1 个通道的 Q 字段中，然后进行标签转发，当交换机发出第一帧以太网帧第一个 bit 时打上时间戳 T_2，计算出交换延时 $\Delta T = T_2 - T_1$ 填入相应字段中，多台交换机级联时，交换时延计算方式如图 2.17 所示。

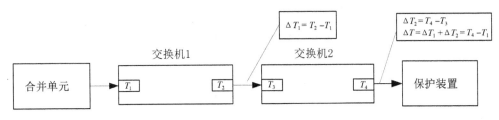

图 2.17 交换机延时计算方式

图 2.17 中，T_1 和 T_2 分别为数据进入和转出交换机 1 的时标，ΔT_1 为交换机 1 数据转发延时，T_3 和 T_4 分别为数据进入和转出交换机 2 的时标；ΔT_2 为交换机 2 数据转发延时，ΔT 为两台交换机总的数据转发延时。

对于延时标注的信息在 SV 报文中的位置有两种做法：

（1）ΔT 写入 IEC 61850-9-2 报文的两个保留字段 Reserved1、Reserved2。

（2）ΔT 写入 IEC 61850-9-2 报文 MU 固有延时的品质位。

采用这两种标记方式时，都可以将 MU 固有延时和交换机转发延时分别进行测试，不会影响原有 SV 数据。对比这两种标记方式，当采用方式（1）时，进行标记的位置固定，交换机可以快速实现报文解码，不影响交换机的性能指标，但是 Reserved 字段在 IEC/TS 62351-6 中已经作为安全性使用，推广应用时会与标准产生冲突。采用方式（2）进行延时标记时，交换机需要加载智能变电站中的全站 SCD 文件，根据 SCD 文件中配置的每组 SV 发送信息识别固有延时的品质位的位置，从而实现延时的准确标记，而又不影响交换机的性能。

交换机宜支持 SV 数据帧的交换延时累加功能。交换延时累加原理以及相关规定参见第 2.3.3 节 2.3.3.2"电力交换机的功能要求"。

2.2.3 交换机延时精度测量

搭建如图 2.18 所示的测试系统进行交换机延时精度测量。由合并单元发出 SV 报文经过分光器将报文分别传输给延时可测交换机（单台或多级级联）和时间戳精度测量装置，利用网络风暴发生装置产生不同的背景流量，对报文在交换机内的转发时间产生影响，再将经过交换机转发的 SV 报文传输给时间戳精度测量装置，在时间戳精度测量装置内补偿转发延时后与直采延时相减得到时间戳的误差，并可以验证报文转发时间对交换机延时测量精度是否产生影响。以下以某型号单台和两台交换机级联的测试做分析，测试结果见表 2.1 和表 2.2。

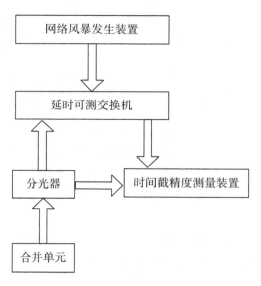

图 2.18 交换机延时测量精度测试系统

表 2.1 单台交换机测试结果

序号	数据总量(Mbit/s)	丢帧描述	延时误差/ns
1	30	无	36
2	60	无	38
3	90	无	35
4	100	无	37

表 2.2 两台交换机测试结果

序号	数据总量(Mbit/s)	丢帧描述	延时误差/ns
1	30	无	56
2	60	无	63
3	90	无	60
4	100	无	58

由以上测试结果可见,在不同的转发数据和背景流量情况下,单台交换机延时测量精度约为 40ns,两台交换机级联的情况下,时间戳测试精度是在 60 ns 左右。

2.2.4 延时可测交换机的应用

智能变电站过程层网络需要承载变电站内 SV、GOOSE 报文的传输,且二次设备功能的实现主要依靠过程层网络,所以过程层网络对变电站的安全运行起着决定性作用。

在智能变电站建设中，某智能变电站的保护装置原先采用"直采直跳"的模式进行采样，其他的测控、网络分析、录波和站控层 MMS 数据等均是通过共网方式实现。在这种组网模式下，将交换机更换成延时可测交换机后(图 2.19)，可以精简直连部分的光纤连线，实现所有数据的共网，同时又不依赖外部对时。

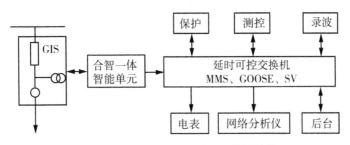

图 2.19　MMS、GOOSE 和 SV 共网结构

在这种组网方式下，精简了二次设备的网络结构。保护、测控、录波等二次设备进行 SV 采样时，由合并单元通过一根光纤直接连接到延时可测交换机然后到二次设备，根据合智一体装置的采样延时和交换机标注的延时进行数据的同步采样。

相比普通的工业交换机来说，因变电站自动化系统数据传输实时性的要求，智能网络交换机对时间的同步和实时性要求更高，为满足网络对时间的需求，智能交换机必须支持 IEC 61850 协议，数据在经过交换机传输时要尽量减少延时；同时因过程层网络承载大量保护业务，为保证站内可靠运行，交换机在性能提升方面、降低故障率方面需要做进一步的提升。

2.3　电力交换机标准介绍

常规变电站中保护装置和一次设备之间通过电缆端子排连接，并没有使用到交换机。随着电力技术的快速发展，智能变电站逐渐开始出现，在智能变电站中，保护装置通过电力交换机获取一次设备电压、电流值以及刀闸位置等信息，这使得电力交换机得到广泛应用。但是在智能变电站建造初期，电力交换机的相关标准处于空白期，其技术和测试标准都是以电信等其他行业所使用的标准作为参考。早期测试智能变电站交换机主要参考的标准有 RFC 2544，RFC 2889 等，后来制定出了智能变电站以太网交换机的技术规范和检测规范。

RFC(Requests for Comments)是用于发布 Internet 标准和 Internet 其他正式出版物的一种网络文件或报告。初创于 1969 年，至今已经有 3000 多个 RFC 系列文件，并且这个数目还在不断增加。其核心是负责网络协议，过程，程序，以及一些会议注解、意见等方面的内容。RFC 系列标准中与交换机相关的文件主要涉及 RFC 2544，RFC 2889，RFC 1242 等，这些文档之间存在相互关联关系。RFC 系列文档原著为全英文版本，初学者要想快速掌握与理解这些标准，需要选择重点进行阅读。针对交换机标准而言，RFC 2544、

RFC 2889是所有交换机标准的基础部分，掌握这些基础文档后，其他相关文档也会更加
容易理解。

2.3.1 RFC 2544简介

此标准是交换机所有相关标准中比较重要的一个，正确理解此标准中的定义以及相关
测试方法，对理解所有交换机测试标准都有帮助。RFC 2544 是测试交换机性能最基础也
是最重要的文档，其规定了一系列的测试过程和测试方法，使得服务提供商和用户间可以
在同一个基准下，对测试的实施和结果达成共识。

RFC 2544 标准要求对一系列的帧长(64 字节，128 字节，256 字节，512 字节，768
字节，1024 字节，1280 字节，1518 字节)在一定的时间内，按一定的数目进行测试，其
主要测试项目见表 2.3。

表 2.3 主要测试项目

序号	测试项	英文名称	解释与理解
1	吞吐量测试	Throughput test	吞吐量指设备在不丢帧情况所能达到的最大传输速率
2	时延测试	Latency test	时延指一个帧从源点到目的点的总传输时间
3	帧丢失率测试	Frame Loss Rate test	帧丢失率指交换机端口以特定频率转发特定数量数据帧情况下帧丢失的比率
4	背靠背测试	Back-To-Back test	背靠背指最小帧间隔情况下，交换机一次能够转发的最多的长度固定的数据帧数
5	系统恢复测试	System recovery	系统恢复指设备在超负载情况下的系统恢复能力
6	复位测试	Reset	复位指系统从复位到恢复正常工作之间的时间

吞吐量(throughput)就是从源发送方，到目的接收方可传输的最大数据量。对于以太
网系统来说，绝对的最大吞吐量应该等同于其接口速率。而实际上，由于不同的帧长度具
有不同的传输效率，这些绝对的吞吐量是无法达到的，越小的帧由于前导码和帧间隔的原
因，其传输效率就越低。如 100M 以太网，对于 64byte 的帧，其最大数据吞吐量是
76.19MBit/s，每秒可传输 148809 帧。对于 1518byte 的帧，其最大数据吞吐量是
98.69MBit/s，每秒可传输 8127 帧。吞吐量的测试过程是发送特定数量的帧，如果发送的
帧数量与接收到的帧数量相等，或者接收到的帧少于发送的帧数量，那么提供的数据流频
率被减少，测试将返回。

时延(latency)是指一个帧从源点到目的点的总传输时间。这个时间包括网络节点的处
理时间和在传输介质上的传播时间。一般的测试方法是发送一个带有时间戳的帧，通过网
络后，在接收方将当时的时间和帧所携带的时间戳比较，从而得出延时值。考虑到时钟同
步问题，一般采用将发出的帧返回到发送方进行比较，因此也称为双程时延。RFC 2544
要求对时延测试至少重复 20 次，结果取所有测试结果的平均值。

帧丢失率(frame loss rate)就是发送方发出但没有到达接收方的帧的比率，即丢失帧数

目相对于总发送帧数目的一个百分比。RFC 2544 里建议首先从最大速率开始按一定的步长逐步降低发送速率，直至连续两次无数据丢失时的第一次结果，其中步长最大不能超过 10%。

背靠背（back-to-back frames）是指最小帧间隔情况下，交换机一次能够转发的最多的长度固定的数据帧数。向被测试设备连续发送具有最小帧间隔的 N 个帧，并且统计被测设备送出帧的数目。如果被测设备送出的帧数目和发送的帧数目相等，则增加 N 值，重复上述测试过程，直到被测设备送出的帧个数小于测试发送帧个数；反之则减少发送帧数，直至没有帧丢失发生。主要用于衡量具有存储转发能力的被测试设备的最大存储转发能力。标准中要求发送时间不能小于 2s，建议至少重复 50 次，结果取其平均值。

系统恢复（system recovery）用于测试设备在超负载情况下的系统恢复能力。测试过程为先按被测设备最大吞吐率的 1.1 倍发送至少 60s 的数据，然后将速率下降 50%，统计速率下降到无帧丢失之间的时间，即为系统恢复时间。

复位（reset）用于测试系统从复位到恢复正常工作之间的时间。测试过程为先按最大吞吐量发送最小长度的帧，然后复位被测设备，统计复位前发出的最后一帧的时间戳和复位后收到的第一帧的时间戳的差值，即为复位测试时间。

2.3.2 RFC 2889 简介

RFC 2889 标准意在给局域网交换设备提供测试基准方法。它将 RFC 2544 中定义的测试基准方法扩展到局域网交换设备的测试中，主要处理在 MAC 层交换帧的设备。它为交换设备的转发性能、拥塞控制、时延地址处理和过滤提供了一个测试基准方法。RFC 2889 标准除了定义测试基准方法之外，还描述了测试结果报告的特定格式。

正确理解 RFC 2889 标准中定义的名词，对于理解和掌握 RFC 2889 标准至关重要，标准中定义的关键名词见表 2.4。

表 2.4　　关键名词释义

序号	词汇条目	英文名称	解释与理解
1	洪泛帧	flooding the frame	任何帧源于 DUT/SUT 的帧，一定不能被计算为接收帧。源于 DUT/SUT 的帧可以被计算为洪泛帧或者不被计算
2	帧间隙	the frame clearance	在脉冲串中两帧之间的帧间隙，必须为被测试介质指定标准中最小的
3	全网状	full mesh	一种通信模式
4	帧间间隙	clearance between the frame	在突发帧群中两帧之间的帧间间隙必须为被测试介质标准中指定的最小值
5	突发帧群长度	burst length	突发帧群长度定义了在停止传送已接收帧之前，在最小的合法的帧间间隙下紧挨着发送的帧的数量。突发帧群长度应该在 1~930 帧之间变化

RFC 2889 标准全文共分 7 个部分：前 4 部分为基础部分；第 5 部分为基础测试；第 6 部分为安全机制；第 7 部分为参考数据。下面重点介绍一下第 5 部分内容。

第 5 部分分为 10 个小节，每小节按照测试目的、测试参数设置、测试过程、度量结果和测试报告的格式进行说明。测试目的详细描述为什么要测试此项；测试参数设置详细介绍了参数信息，一般包括测试帧长度定义、测试模式、加载流量大小、参与端口和测试时间等参数；测试过程详细描述了测试方法与过程；度量结果给出结果判据标准；测试报告是测试完成后展现测试结果。

以下重点讨论 RFC 2889 标准中的全网状吞吐量测试和地址缓存能力测试，其他测试项可自行查阅原著。

RFC 2544 里面定义了吞吐量测试，在 RFC 2889 中也定义了吞吐量测试，但其测试方法与内容则完全不同，其全称为"全网状吞吐量测试"。相比而言，全网状吞吐量测试对交换机的性能要求更高，交换机的每个端口都需要参与测试，每个端口都同时顺序向其他端口发送数据，最后检验交换机在整机最大吞吐量下的性能。

二层交换机内部定义了交换机端口与 MAC 地址对应关系的二维表，这张表是通过报文的收发过程自动创建的。二维表的大小以及自动创建这张表的速度成为评价一台交换机性能优越性的主要考察标准。对应到 RFC 2889 中定义的交换机性能优越性的两个考察指标：地址缓存能力和地址学习速率。地址缓存能力考察二维表的大小，地址学习速率考察二维表创建速度。

RFC 2889 对地址缓存能力进行了详细的描述，地址缓存能力在参数配置中需要配置老化时间、地址学习速率、初始化地址等信息，在测试过程中用到三个端口：学习端口、测试端口和监测端口。此标准还列出了地址缓存能力的详细测试运算法则。（如下为语言代码，其他测试项运算法则语言代码类似）

常量定义内容如下：

```
CONSTANT
AGE = ... ; {value greater that DUT aging time}
MAX = ... ; {maximum address support by implementation}
```

变量定义内容如下：

```
VARIABLE
LOW   : = 0; {Highest passed valve}
HIGH  : = MAX; {Lowest failed value}
N: = ... ; {user specified initial starting point}
```

逻辑执行与运行内容如下：

```
BEGIN
DO
BEGIN
PAUSE(AGE); {Age out any learned addresses}
AddressLearning(TPort); {broadcast a frame with its source
Address and broadcast destination}
```

```
AddressLearning(LPort); {N frames with varying source addresses
                            to Test Port}
Transmit(TPort); {N frames with varying destination addresses
                     corresponding to Learning Port}
IF (MPort receive frame! = 0) OR
(LPort receive frames < TPort transmit) THEN
BEGIN   {Address Table of DUT/SUT was full}
HIGH := N;
END
ELSE
BEGIN   {Address Table of DUT/SUT was NOT full}
LOW := N;
END
N := LOW + (HIGH - LOW)/2;
END WHILE (HIGH - LOW >= 2);
```

运算结果内容如下：

```
END {Value of N equals number of addresses supported by DUT/SUT}
```

2.3.3 智能变电站以太网交换机技术规范简介

近些年来，随着智能变电站建设的不断推进，传统的电力工业以太网交换机在实际应用过程中逐渐凸显出一定的局限性。例如，智能变电站无法对交换机的运行状态进行统一管理，当接入设备异常而产生组播风暴时交换机无法完成独立控制，因内部排队机制而导致交换机的数据传输延时不可控等。并且，由于组成智能变电站通信网络的交换机数量众多，重复配置的工作量大。

结合目前交换机在智能变电站的实际应用情况以及存在的不足之处，2017年，中国电力企业联合会提出了《智能变电站以太网交换机技术规范》。此规范在传统工业以太网交换机的基础上增加了交换机建模、流量控制、交换延时累加和交换机离线配置等面向智能变电站应用的功能要求，目的在于解决目前智能变电站在调试和运行维护过程中存在交换机无法监管、组播通信安全、SV传输时延抖动和交换机的批量配置等问题。

《智能变电站以太网交换机技术规范》一共分为7个章节和4个附录，主要描述了电力交换机的基础技术要求、功能要求、性能要求以及特殊属性要求，最后针对交换机的建模、流量控制、延时累加特性和CSD实例配置文件做简单介绍。

2.3.3.1 电力交换机的基础技术要求

电力交换机功能和性能的实现主要依赖于电力交换机在生产前期对于其基础技术的严格要求。只有对基础技术严格把关，并按照要求去落实实施，才能保证生产出的交换机质量过硬。与传统交换机相比，电力交换机对于设备的要求更为苛刻，它要求设备可以在恶劣的工业环境中正常工作，而且在温度和湿度等方面也都有较高的要求。电力交换机的基础技术要求见表 2.5。

表 2.5　　　　　　　　　　　　　　　　**基础技术要求**

名称		要求内容
供电要求		直流电源：220V、110V，允许偏差-20%~+20%。交流电源：220V，允许偏差-20%~+20%，频率 50Hz。交换机电源应采用端子式接线方式
气候环境要求	温度	温度要求分为三级：Ⅰ级：-25℃~+55℃；Ⅱ级：-40℃~+70℃；Ⅲ级：特定，建议从 IEC 721 标准中选取参数
	相对湿度	10%~95%
	大气压力	70~106kPa。注：70 kPa 相当于海拔 3000m
	盐雾	用于沿海地区的交换机应满足 GB/T 2423.18—2012 中严酷等级(2)要求
可靠性要求		交换机应采用自然散热(无风扇)方式。平均故障间隔时间 MTBF 不低于200000h。交换机应支持双电源冗余设计
硬件技术要求		见下文
外观结构要求		见下文

电力交换机的硬件要求：①接口参数要求。电力交换机的接口分为以太网电接口和以太网光接口。以太网电接口应支持百兆 100BASE-TX 或千兆 1000 BASE-T 电接口，符合 IEEE 802.3—2008的规定，电接口应配有屏蔽层，百兆 100BASE-FX 光接口应符合 IEC 9314-3—1990 的规定；千兆光接口应符合 IEEE 802.3—2008 的规定，可以是 1000BASE-SX、1000BASE-LX、1000BASE-ZX 接口中一种或多种。以太网光接口的具体参数要求见表 2.6、表 2.7、表 2.8、表 2.9。②要有独立的以太网调试接口。用于交换机的配置、管理和维护。③要有明显的告警接点。当电源断电或故障时交换机应能够提供告警硬接点输出。

《智能变电站以太网交换机技术规范》针对电力交换机的外观及结构做了如下要求：①交换机采用标准 19 英寸机箱，高度采用 1U 的整数倍；②交换机不带电的金属构件在电气上要连成一体，具备接地端子，并有相应标识；③交换机的金属结构件要经过防锈蚀处理；④交换机防护等级达到 GB 4208—2008 规定的 IP40 要求；⑤交换机接线端口标明端口序号或名称，电源端子上方标注接线说明；⑥交换机前后设有按端口序号排列的指示灯。

表 2.6   **100BASE-FX 接口参数**

接口类型	参数	要求	单位
发送	波长范围	1270~1380	nm
	光功率(最大)	−14.0	dBm
	光功率(最小)	−20.0	dBm
接收	波长范围	1270~1380	nm
	光功率(最大)	−14.0	dBm
	接收灵敏度	−31.0	dBm
	强制接收灵敏度	−25.0	dBm

表 2.7   **1000BASE-SX 接口参数**

接口类型	参数	要求		单位
		62.5 μs MMF	50 μsMMF	
发送	波长范围	770~860		nm
	平均发射光功率(最大)	0.0		dBm
	平均发射光功率(最小)	−9.5		dBm
接收	波长范围	770~860		nm
	平均接收光功率(最大)	0.0		dBm
	接收灵敏度	−17.0		dBm
	强制接收灵敏度	−12.5	−13.5	dBm

表 2.8   **1000BASE-LX 接口参数**

接口类型	参数	要求			单位
		62.5 μs MMF	50 μs MMF	10μs SMF	
发送	波长范围	1270~1355			nm
	平均发射光功率(最大)	−3.0			dBm
	平均发射光功率(最小)	−11.5	−11.5	−11.0	dBm
接收	波长范围	1270~1355			nm
	平均接收光功率(最大)	−3.0			dBm
	接收灵敏度	−19.0			dBm
	强制接收灵敏度	−14.0			dBm

表 2.9　　　　　　　　　　　　　　　　**1000BASE-ZX 接口参数**

接口类型	参数	要求 10μs SMF	单位
发送	波长范围	1530~1570	nm
	平均光功率(最大)	5.0	dBm
	平均光功率(最小)	0.0	dBm
接收	波长范围	1270~1355	nm
	平均光功率(最大)	-3.0	dBm
	接收灵敏度	23.0	dBm

2.3.3.2　电力交换机的功能要求

近几年随着互联网技术的普及和推广，电力交换机也取得了快速的发展。电力网络除了对交换机的基础要求不断提高外，对其功能的要求更是严格。《智能变电站以太网交换机技术规范》针对交换机的功能做了如下要求：

1. 交换机建模功能

交换机要支持 DL/T 860 建模，具备自描述功能，采用 DL/T 860 规定的通信服务机制与站控层设备通信，实现交换机的配置、工作状态和告警信息的上传。交换机模型按照状态和配置分为两类，状态类显示交换机当前硬件和软件功能的运行状态，配置类显示交换机开启的功能配置情况。交换机建模的原则，包括物理端口(PhysConn)建模原则、物理设备(IED)建模原则、逻辑设备(LD)建模原则和逻辑节点(LN)建模原则等。

2. 数据帧过滤功能

交换机要实现基于 MAC 地址的数据帧过滤功能。

3. 组网功能

交换机要采用国际标准协议进行组网，支持 IEEE 802.1w 规定的 RSTP 协议。

4. 网络管理功能

交换机的网络管理要求如下：①仅能通过调试接口对交换机进行配置和管理；②支持 SNMP 的网络管理能力，SNMP 对 MIB 库的管理信息应包含与 DL/T 860 模型中数据对象相对应的参数；③网络管理功能支持参数配置、功能配置、设备信息查询、工作状态查询、端口数据统计、异常告警、网络拓扑发现及日志上传等；④支持对交换机配置文件的导入和导出。

5. 网络风暴抑制功能

交换机要支持广播风暴抑制、组播风暴抑制和未知单播风暴抑制功能。默认设置广播风暴抑制功能开启。

6. 虚拟局域网 VLAN 功能

交换机应支持 IEEE 802.1q 定义的 VLAN 标准，应支持 4096 个 VLAN，应支持在转发的帧中插入标记头，删除标记头，修改标记头，支持 VLAN Trunk 功能。

7. 优先级 QoS 功能

交换机应支持 IEEE 802.1p 流量优先级控制标准，提供流量优先级和动态组播过滤服务，至少支持 4 个优先级队列，具有绝对优先级功能，能够确保关键应用和时间要求高的信息流优先进行传输，避免使带有序列标签的数据如：SV、GOOSE 等报文产生乱序现象。默认设置绝对优先级功能开启。GOOSE、SV 报文的缺省优先级为 4。

8. 端口镜像功能

交换机应支持多端口镜像功能，当镜像数据速率不大于端口转发速率时，不能出现帧丢失、乱序、复制现象。

9. 组播功能

组播功能分为静态组播和 GMRP，静态组播功能要求交换机支持通过配置静态组播地址表的方式实现组播报文的过滤，同时还要支持基于组播 MAC 地址、VLAN 号和端口等方式配置静态组播。GMRP 功能要求交换机支持 GMRP 协议实现动态 MAC 地址的组播配置功能，能够接收来自其他交换机的多播注册信息，并动态更新本地的多播注册信息，同时也能将本地的多播注册信息向其他交换机传播，以便使同一交换网内所有支持 GMRP 特性的设备的多播信息达成一致。GMRP 默认组播地址：01-80-C2-00-00-20。GMRP 属性的默认值见表 2.10。

表 2.10　　　　　　　　　　　　　　**GMRP 时间属性参数表**

属性	值（ms）
JoinTime	200
LeaveTime	600
LeaveAllTime	10000

10. 时间同步功能

交换机应支持 SNTP 协议，并满足 IETF RFC 2030 的要求。交换机需支持 PTP 协议，并满足 GB/T 25931 的要求。

11. 流量控制功能

智能变电站网络中，当接入交换机的设备因异常产生大量的组播数据帧时，将会影响交换机其他接入端口正常组播数据的转发性能。交换机要支持组播流量控制功能，根据组播 MAC 地址自动识别不同的组播组并按设定的阈值进行流量控制，避免异常组播对变电站网络产生有害影响。

12. 交换延时累加功能

交换机从接收到 SV 数据帧的第一个比特开始到按设定规则将该 SV 数据帧转发出交换机需要经过一定的处理时间，该处理时间即为 SV 数据帧的交换延时，交换机将该值在 SV 数据帧的特定位置进行累加，可为该 SV 的订阅设备提供 SV 数据帧在整个网络中传输时延，从而可回溯到该 SV 数据帧发布的准确时刻。

交换机宜支持 SV 数据帧的交换延时累加功能。交换延时累加使用 SV 数据帧中的 4 个保留字节, 帧格式见表 2.11。

表 2.11　　　　　　　　　　　　SV 数据帧交换延时标注格式

目的 MAC/源 MAC (12 字节)	以太网类型 (2 字节)	APPID (2 字节)	PDU 长度 (2 字节)	保留字段 (4 字节)				APDU
				Bit31	Bit30	Bit[29-24]	Bit[23-0]	
—	0x88BA	—	—	Test	OVF	保留	ART	—

注: Test: 检修标志位; OVF: 溢出标志位; ART: 交换延时累加值。

交换延时累加功能遵循以下规定:

(1)交换延时累加值(ART)的分辨率为 8ns, 字长为 24Bit, 最大值为 0xFFFFFF (134217720ns);

(2)交换机仅对符合 DL/T 860 规定的 SV 数据帧进行交换时延的累加;

(3)默认情况下, 溢出标志位(OVF)置为 0;

(4)当交换机检测到累加本机交换延时后会导致 ART 值的溢出, 或交换机由于硬件故障等原因无法完成交换延时累加功能时, 将 OVF 标志位置 1, ART 值保持不变;

(5)由于交换延时累加功能和 IEC 62351-6、IEC 62351-7 都使用 SV 数据帧的保留字段, 出于兼容性考虑, 当使用 IEC 62351 功能时, 交换机将 OVF 标志位置 1, 保留字段保持不变;

(6)交换机检测到 OVF 标志位为 1 时, 保持 SV 数据帧的保留字段不变;

(7)SV 数据帧长度为 64~1522 字节, 交换机端口线速转发时, 交换延时累加功能正常工作。

13. 交换机离线配置功能

交换机要支持 CSD 配置文件, 通过导入 CSD 配置文件完成交换机的离线自动配置。交换机也可将当前运行的配置参数以 CSD 文件格式导出。

CSD 配置文件通过解析 SCD 文件自动生成, 内容包括 IED 设备订阅关系和网络拓扑关系。图 2.20 给出了 CSD 配置文件生成、下装、存档的实现流程。交换机配置工具从 SCD 文件获取 GOOSE/SV 的订阅关系, 结合网络拓扑关系(若 SCD 文件中无相应内容则需另外提供)生成 CSD 配置文件, 交换机导入 CSD 文件即可完成离线配置。

2.3.3.3　电力交换机的性能要求

当电力交换机功能不断完善的时候, 人们开始注重于电力交换机的性能发展, 并希望在提升电力交换机功能的同时, 将其性能也进行一定的提升。此外, 由于电力交换机应用场所的特殊性, 电力网络对其性能也有着特殊的要求。具体性能要求见表 2.12。

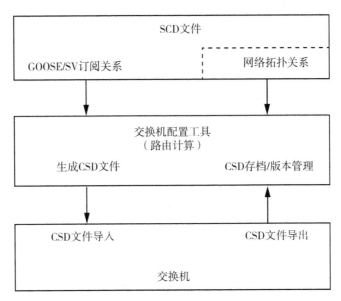

图 2.20　交换机离线配置过程图

表 2.12 　　　　　　　　　　　　　　**电力交换机性能要求**

名称	要求内容
吞吐量	交换机吞吐量应等于端口速率×端口数量(流控关闭时),交换机整机吞吐量达到 100%
存储转发速率	交换机端口的存储转发速率应等于端口线速
地址缓存能力	交换机吞吐量应等于端口速率×端口数量(流控关闭时),交换机 MAC 地址缓存能力应不低于 4096 个
地址学习速率	交换机 MAC 地址学习速率应大于 1000 个/s
存储转发时延	交换机一对端口线速转发下的平均时延应小于 10μs;交换机启用交换延时累加功能后存储转发延时应小于 20μs
时延抖动	交换机时延抖动应小于 1μs
帧丢失率	交换机端口线速转发时的帧丢失率应为 0
背靠背	对背靠背不做指标要求,由厂家在产品标准中定义
队头阻塞	交换机应避免产生队头阻塞,不堵塞端口的帧丢失率为 0
网络风暴抑制值	网络风暴实际抑制结果不应超过抑制设定值的 110%
组播组容量	交换机支持的组播组数量应不少于 512 个
时间同步准确度	交换机 SNTP 时间同步准确度应优于 10ms;交换机 PTP 时间同步准确度误差应小于 200ns

续表

名称	要求内容
流量控制阈值	流量控制阈值的取值范围在 0 ~ 100Mbit/s 之间可选，最小设置单位不大于 64kbit/s。单路 GOOSE 报文的默认控制阈值为 2Mbit/s，单路 SV 报文的默认控制阈值为 15Mbit/s
交换延时准确度	交换延时累加的准确度应优于 200ns

2.3.3.4　电力交换机的特殊属性要求

由于电力网络对于安全可靠等方面特别严格，所以电力交换机在满足基础要求、功能要求和性能要求外，还必须满足电力工业对其属性的特性要求。具体属性要求如下：

1. 通信安全

交换机要满足 IEC 62351-6 和 IEC 62351-7 要求，并具有以下安全功能：

(1) 源 MAC 地址应为 IEEE 申请的授权 MAC 地址；

(2) 支持基于端口的 MAC 绑定功能；

(3) 支持用户权限管理，至少支持管理员权限和普通用户权限，普通用户不能修改设置；

(4) 提供密码管理，密码不少于 8 位，为字母、数字或特殊字符组合而成；

(5) 提供操作日志查阅和删除功能，所有合法用户均可以对交换机的登录、修改设置等操作进行查阅，仅管理员权限用户可对操作日志进行删除；

(6) 提供安全日志查阅和删除功能，所有合法用户均可以对交换机非法登录、告警事件等进行查阅，仅管理员权限用户可对安全日志进行删除；

(7) 支持对非法数据报文的过滤功能，如 FCS 帧校验错误、超短帧、超长帧等；

(8) 应具有抵御恶性攻击能力，如大流量、DoS 攻击等；

(9) 符合国家发展和改革委员会 2014 第 14 号令要求。

2. 功耗

为有利于交换机长时间可靠运行，交换机满载时整机功耗宜不大于下式的计算结果：

$$P = 10 + 1 \times a + 2 \times b \tag{2-1}$$

式中：

P——交换机的整机功耗，W；

a——交换机配置的电接口的数量；

b——交换机配置的光接口的数量。

3. 绝缘性能

绝缘试验应在交换机未通电情况下进行，经过绝缘试验后，交换机要能正常工作。绝缘要求见表 2.13。

表 2.13   绝 缘 要 求

试验项目	符合标准	电源	以太网(电)接口	告警
绝缘电阻，500 V	GB/T 14598.3—2006	≥20 MW	≥20 MW	≥20 MW
介质强度 U≤ 60 V 300 V>U>60 V	GB/T 14598.3—2006	0.5 kV 2.0 kV	0.5 kV	0.5 kV 2.0 kV
冲击 U≤ 60 V 300 V>U>60 V	GB/T 14598.3—2006	1.0 kV 5.0 kV	1.0 kV	1.0 kV 5.0 kV

4. 湿热

交换机要能承受 GB/T 2423.3—2006 规定的恒定湿热试验，温度(40±2)℃，湿度(93±3)%RH，试验后各导电回路对外露非带电导电部位及外壳之间、电气上无联系的各回路之间的绝缘电阻不应小于 1.5MΩ。

5. 机械条件

机械条件要求见表 2.14，要求试验后，交换机能正常工作。

表 2.14   机械条件要求

试验项目	符合标准	设定参数	试验值		
正弦稳态振动	GB/T 15153.2—2000	位移幅值	7mm		
		加速度幅值		20mm	15mm
		频率范围	2~9Hz	9~200Hz	200~500Hz
冲击	GB/T 15153.2—2000	半正弦脉冲持续时间	11ms		
		峰值加速度	300m/s2		
自由跌落	GB/T 15153.2—2000	跌落高度	0.25m		

6. 电磁兼容

电磁兼容属性要求分为抗干扰性能要求和无线电骚扰限值要求。具体要求如下：

(1)抗干扰性能要求。

交换机抗电磁干扰能力应满足 DL/T 860 的相关要求。抗电磁干扰性能试验应在交换机通电工作及线速转发情况下进行，试验过程中交换机不能出现丢帧、重启和死机的现象。交换机至少要通过表 2.15 所包含的电磁兼容类试验，试验等级分为两类，用户可根据实际应用场景进行选择。

表 2.15   抗干扰性能要求

序号	试验项目	符合标准	要求	
			A 类	B 类
1	静电放电抗扰度	GB/T 17626.2	4 级	3 级
2	射频电磁场辐射抗扰度	GB/T 17626.3	3 级	3 级
3	电快速瞬变脉冲群抗扰度	GB/T 17626.4	4 级	3 级
4	浪涌(冲击)抗扰度	GB/T 17626.5	4 级	3 级
5	射频场感应的传导骚扰抗扰度	GB/T 17626.6	3 级	3 级
6	工频磁场抗扰度	GB/T 17626.8	5 级	5 级
7	脉冲磁场抗扰度	GB/T 17626.9	5 级	5 级
8	阻尼振荡磁场抗扰度	GB/T 17626.10	3 级	3 级
9	交流电源暂时中断抗扰度	GB/T 17626.11	0%, 250 周期	0%, 250 周期
10	振荡波抗扰度	GB/T 17626.12	3 级	3 级
11	0~150kHz 共模传导骚扰抗扰度	GB/T 17626.16	3 级	3 级
12	直流电源暂时中断抗扰度	GB/T 17626.29	0%, 100ms	0%, 100ms

(2)无线电骚扰限值

无线电骚扰限值应符合 GB 9254—2008,见表 2.16。

表 2.16   交换机在 10m 测量距离处的辐射骚扰限值

频率范围(MHz)	准峰值限值 dB(μV/m)
30~230	40
230~1000	47

注：(1)在过渡频率处(230MHz)应采用较低的限值。

(2)当出现环境干扰时,可以采取附加措施。

2.3.4 智能变电站工业以太网交换机检测规范简介

随着智能变电站建设的推进,对工业以太网交换机提出了新的应用需求与技术指标。为了满足变电站一体化监控系统建设要求,规范工业以太网交换机的检测工作,2013 年由电网公司电力调控中心提出,由中国电力科学研究院牵头,组织各省电力公司及电力科学研究院等单位开展了《智能变电站工业以太网交换机检测规范》的制定工作。

《智能变电站工业以太网交换机检测规范》旨在规定工业以太网交换机送检设备要求、检测环境、检测方法及检测项目(包括型式试验、质量抽检、出厂检测和监督检测)、检测结果判定和检测周期的要求。全文共分 8 个章节和附录 A。前 6 个章节是一些基础性概念的说明和基本要求，第7章节详细介绍了交换机检测方法及指标要求，是测试规范的重点部分，第8章节是对检测规则进行统一约定。附录A简单介绍了交换机建模的内容。

2.3.4.1 送检设备要求及检测环境

在对交换机性能进行评估时，需要把交换机送到相关机构做检测。而具备送检条件的交换机应满足以下要求：

（1）提供保证交换机设备正常连接和运行的模块、软件及相关的连接设备、电缆、光缆；

（2）整机性能检测按实际应用进行最大化配置；

（3）被测设备在缺省配置下应满足本部分基本性能检测条件；

（4）交换机设备应支持直流供电，具备双电源互为备用；

（5）支持Web配置方式。

送检的交换机除了需要满足上述要求外，还应提供以下资料：①提供交换机设备体系结构描述和主要性能指标参数；②提供交换机设备的关键部件参数，至少应包括：软件版本号、主芯片型号、接口、板卡等；③提供交换机设备的厂内自测试报告；④提供交换机设备的操作说明书。

符合送检要求的交换机放在环境温度在+15℃～35℃之间，相对湿度在45%～75%之间，大气压力在86～106kPa的检测环境中进行检测。

2.3.4.2 检测设备要求

在搭建交换机检测环境时，所用到的检测设备有网络测试仪、网络损伤仪、光功率计、光衰减计、时钟测试仪。针对每一个检测设备的要求如表2.17所示。

表2.17 检测设备要求

检测设备	检测设备要求
网络测试仪	（1）具有以太网数据编码发送功能； （2）具有以太网接口性能测试功能； （3）具有符合 GB/T 25931 协议功能性能及一致性验证功能
网络损伤仪	（1）网络损伤功能(模拟网络延迟、丢包、错序等)； （2）支持数据包过滤功能
光功率计	测量范围：（10～-90)dBm
光衰减计	（1）衰减范围：0~80dB； （2）分辨率：0.05dB
时钟测试仪	（1）应能测试网络对时信号类型的时间同步信号； （2）应支持 GB/T 25931 协议

2.3.4.3　交换机的功能和性能检测

《智能变电站工业以太网交换机检测规范》中关于交换机的功能和性能检测是按照检测目的、检测要求和检测方法这三个方面的内容分别展开介绍。每个检测项附加相应的测试连线图作为参考，在进行交换机检测时可以按照连接图进行实验连接，再按照检测步骤进行测试。以下以交换机功能检测中的单端口镜像检测和交换机性能检测中的存储转发速率检测为例作为展示。

1. 单端口镜像检测

(1) 检测目的：检测交换机端口镜像功能是否正确；

(2) 检测要求：具有一对一端口镜像功能，镜像过程中不应丢失数据；

(3) 检测方法。

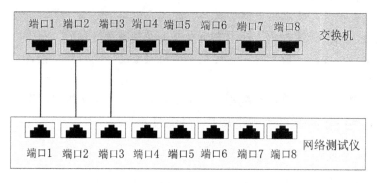

图 2.21　单端口镜像测试连接图

① 按照图 2.21 方式连接交换机和测试仪，配置交换机的镜像端口监听被镜像端口双向数据；

② 测试仪端口 1 与交换机被镜像端口 1 相连，测试仪端口 2 与交换机的任一端口 (除镜像端口与被镜像端口外，如端口 2) 相连，测试仪端口 3 与交换机镜像端口 3 相连；

③ 测试仪端口 1、2 之间互发数据，端口 3 监听；

④ 检测帧长为 256 字节，检测时间为 10s，发送端口负载为 10%；

⑤ 记录测试仪端口 3 收帧数、端口 1 收发帧数。端口 3 收帧数应等于端口 1 收发帧。

2. 存储转发速率检测

(1) 检测目的：检测交换机的存储转发速率；

(2) 检测要求：在满负荷下，交换机任意两端口可以正确转发帧的速率，存储转发速率等于端口线速；

(3) 检测方法。

① 按照 RFC 2544 中的规定，将交换机任意两个端口与网络测试仪相连接；

② 两个端口同时以最大负荷互相发送数据；

③ 记录不同帧长在不丢帧的情况下的最大转发速率。

2.3.4.4 检测规则

智能变电站工业以太网交换机应通过的检验包括：型式检验、质量抽检和监督检验。

1. 型式检验

从批量生产的产品中随机抽取 1 台作为样品检测，检验中出现故障或某一项或多项不合格时，应在查明故障原因并排除故障后，另抽取样品检验。当检验过程中再次出现故障或某一项或多项不合格，则判定本次型式检验产品为不合格产品。型式检验报告的有效期为 4 年。当出现新产品定型；技术、工艺或使用材料有重改变；出厂检验结果与上次型式检验有较大差异；上次型式检验有效期满时；停产后再生产。以上情况下才进行型式检验。

2. 质量抽检

一般由检测中心组织在系统集成商处进行质量抽检，抽样检验样品一般采取随机抽取的方式，要求母样数量不少于 10 台，抽样数量为 4 台，抽样检验的内容包含产品技术指标检测、技术说明书的核对。

3. 监督检验

抽检类型不少于所有中标种类的 25%，每类设备最少 4 台。抽样过程由被抽检企业代表参加，抽样完成后，抽样组与企业代表一起确认样品的品种、数量及完好性，做好装置的封存。填写抽样单，抽样单一式三份，抽样人员、被抽样单位、随样品装箱各一份。抽取样品完成后由抽样人员负责将样品送至测试机构，并填写交接单。抽检内容包括电力自动化系统及设备的试验抽检、硬件/软件平台抽检，所提及的有关内容及标准，如有和供应商执行文件等不一致时，由现场抽检人员与供应商商定。

2.4 电力交换机配置

智能变电站采用网络通信方式实现了设备间信息的数字化交互及共享，由于二次系统要求运行安全、可靠，因此交换机需要对相应的配置进行信息的有效隔离和流量控制。不同厂家的交换机在配置方式及配置参数方面存在很大差异，本节主要介绍电力以太网交换机常用配置方式及必要配置参数。

2.4.1 电力以太网交换机常用配置方式

电力以太网交换机常用配置方式包括通过串口方式配置、通过 Web 配置、通过 Telnet 程序配置、通过网管软件配置四种。

2.4.1.1 通过串口配置

在交换机没有默认的 IP 地址的情况下，初始配置不能通过 Telnet、Web 管理，需要通过串口配置交换机。电力以太网交换机附带一条串口电缆，通过串口配置交换机首先需要连接交换机和计算机，然后接通电力以太网交换机和计算机电源，在 Windows 98 和 Windows 2000 里都提供了"超级终端"程序，如果没有可以在"添加/删除程序"中的"通讯"组内添加。也可以使用其他符合 VTY100 标准的终端模拟程序。打开"超级终端"，在设定好连接参数后，即可通过串口电缆与以太网交换机进行交互。

串口配置方式下，交换机提供了一个菜单驱动的控制台界面或命令行界面。可以使用"Tab"键或箭头键在菜单和子菜单里移动，按回车键执行相应的命令，或者使用专用的配置命令集来配置以太网交换机。不同品牌的以太网交换机命令集是不同的，甚至同一品牌的交换机，其命令也可能不同。

2.4.1.2 通过 Web 配置

对于已指定 IP 地址的交换机可以通过 Web 进行配置，在浏览器的地址栏输入交换机 IP 地址，弹出授权对话框，输入正确的用户名和密码后进入交换机的 Web 配置界面。交换机的 Web 配置界面包含配置、管理、设备、端口、VLAN、报告、窗口和帮助等多个菜单，每个菜单下分别执行一定的配置、管理和监控的功能。Web 管理方式可以在局域网上进行，可以实现远程管理。

2.4.1.3 通过 Telnet 程序配置

对于已指定 IP 地址的交换机还可以通过 telnet 程序配置，在交换机上启用 telnet，通过 telnet 远程访问交换机进行参数配置。需要计算机 IP 与装置 IP 在同一网段。采用 Telnet 方式登录时，需要保证交换机从其他连接的交换机上断开。

2.4.1.4 通过网管软件配置

对于遵循 SNMP 协议的交换机，均可以通过网管软件配置交换机，只需要在一台网管工作站上安装一套 SNMP 网络管理软件，通过局域网可以很方便地管理网络上的交换机、路由器、服务器等。通常以太网交换机厂商都提供管理软件或满足远程管理交换机的第三方管理软件。

目前智能变电站使用的交换机型号多样，不同厂家的交换机配置方式不一，本节以南瑞继保电气有限公司的交换机为例，介绍电力以太网交换机常用配置方式。

南瑞继保电气有限公司交换机常用配置方式包括：通过串口方式配置、通过 Web 界面配置；通过 telnet 程序配置。

通过串口方式配置，采用 RS232 串口登录，计算机需要设置超级终端(或同类软件)通信参数如图 2.22 所示，波特率 115200Bit/s、数据位 8、停止位 1、无奇偶校验、硬件流控关闭。

重启装置，如果串口连接、端口设置无误，将会在超级终端对话框内显示启动信息，如图 2.23 所示，等待装置完全启动成功，出现 Username：对话，输入用户名、密码，登录进行参数配置。

通过 Web 界面配置，打开 IE 浏览器，输入交换机 IP 地址，回车进入登录界面，如图 2.24 所示，输入用户名、密码，点击 login 进入 Web 配置界面，如图 2.25 所示。通过 Web 配置，可以通过交换机任意网口登录(需要保证连接端口的 PVID 为 1 方能正确连接)，需要计算机 IP 与装置 IP 在同一网段。采用 Web 方式登录时，需要保证交换机从其

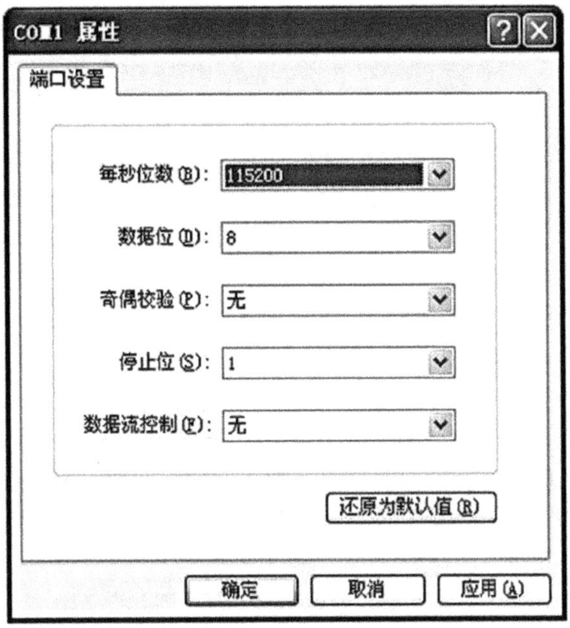

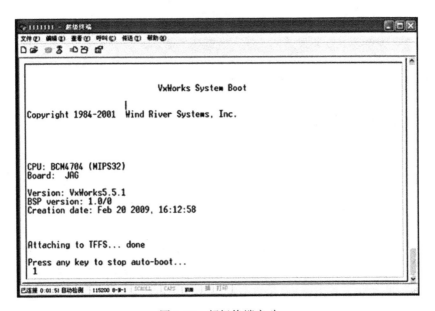

图 2.22　超级终端参数设置

图 2.23　超级终端启动

他连接的交换机上断开。

　　通过 telnet 程序配置，在交换机上启用 telnet，通过 telnet 远程访问交换机进行参数配置。需要计算机 IP 与装置 IP 在同一网段。采用 telnet 方式登录时，需要保证交换机从其

图 2.24 Web 配置登录界面

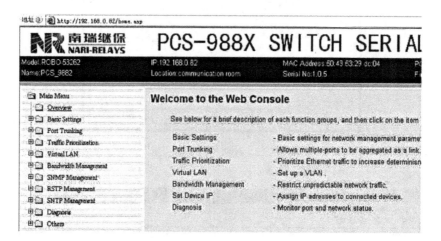

图 2.25 Web 配置主界面

他连接的交换机上断开。

2.4.2 智能变电站交换机必要配置参数

智能变电站交换机通过相应的配置进行信息的有效隔离和流量的控制,以确保二次系统的安全、可靠运行。智能变电站中交换机配置的必要参数如下:

1. 时间设定

交换机作为智能电子设备连接的汇集点,应具备对于所连接的智能电子设备实现同步的功能。交换机作为 SNTP Client,需要为交换机配置 NTP Server Address,NTP 时钟更新周期。

2. IP 地址设置

应根据系统集成商提供的 IP 进行配置,保证 IP 地址唯一性。交换机允许访问的 IP 设置指定子网中的任何主机皆能访问。

3. 优先级配置

以太网数据包定义不同的优先级,确保关键应用和时间要求高的信息流优先进行传输。数据包中的 3bit 的优先级标签共可表示 8 个优先级。优先级 0 是默认值,并在没有设置其他优先级值的情况下自动启用。交换机内部有优先级队列，需要将 8 个优先级映射到交换机内部的队列中。对交换机进行优先级设置，保证交换机报文阻塞时重要数据优先发送。

4. VLAN 划分

IEC 61850 标准中，GOOSE 和 SV 报文均采用组播方式在网络中传输。在大型变电站中，很多智能电子设备需要利用 GOOSE 或 SV 报文交换信息，利用虚拟局域网技术将不同间隔的保护设备分开，可大大降低保护设备收到的报文流量。交换机 VLAN 技术是根据实际应用需求，把同一物理局域网内的不同用户逻辑地划分成不同的广播域，每一个 VLAN 都包含一组具有相同需求的计算机工作站，与物理上形成的 LAN 有着相同的属性。由于它是从逻辑上划分，而不是从物理上划分，所以同一个 VLAN 内的各个工作站没有限制在同一个物理范围中，这些工作站可以在不同物理 LAN 网段。由 VLAN 的特点可知，一个 VLAN 内部的广播和单播流量都不会转发到其他 VLAN 中，从而有助于控制流量、减少设备投资、简化网络管理、提高网络的安全性。

5. 端口镜像

端口镜像功能可以将某一端口或多个端口的数据复制到一个指定的镜像端口。利用端口镜像功能，记录仪可以对智能变电站通信过程进行记录，从而实现 SV、GOOSE、MMS 信息完整记录。配置端口镜像时，被镜像端口和目标端口必须都是同一个 VLAN 的成员，同时源端口帧的全双工速率≤目标端口的速率。

6. 端口抑制

交换机抑制报文类型主要包括广播抑制、组播抑制和未知单播抑制。广播风暴是指网络上的广播帧数量急剧增加而影响正常的网络通信的反常现象，广播风暴会占用相当可观的网络带宽，造成整个网络无法正常工作。广播风暴抑制是允许端口对网络上出现的广播风暴进行过滤。开启广播风暴抑制后，当端口收到的广播帧累积到预定门限值时，端口将自动丢弃收到的广播帧。当未启用该功能或广播帧未累积到门限时，广播帧将被正常广播到交换机的其他端口。组播帧和未知单播帧处理过程与广播帧类似。

7. Multicast 过滤功能

端口传输 MMS 协议数据时，启用 IGMP Snooping 功能，端口传输 SV 或者 GOOSE 时，宜启用 GMRP，配置端口的 GMRP 操作模式为手工定义，并能动态学习多播地址。

8. 自动报警功能

配置交换机出现系统事件和端口事件时，自动报警功能主动传输告警报文和驱动继电器输出。系统事件有：交换机断电、任何配置选项改变；端口事件有：端口连接断开、端口流量超过门限值。

2.4.3 基于统一规约转换的交换机配置新技术

目前智能变电站中应用的交换机型号多样，不同厂家交换机在参数配置方式和形式上都不相同，不同厂家交换机配置文件格式、文件后缀扩展名都不相同。例如，南瑞继保电气有限公司的交换机配置文件采用 XML 书写格式，文件后缀为"INI"形式；北京四方交换机采用文本书写格式，配置文件后缀为"conf"形式；许继交换机也采用文本书写格式，配置文件没有后缀。没有对交换机进行统一的建模，不同厂家的配置工具互操作性差，未能形成统一的配置操作平台，导致配置过程较为复杂。

目前都是由工程人员登录交换机进行参数配置，由于智能变电站中应用的交换机型号多样，配置方式不一，对工程人员要求很高，需要工程人员熟悉各厂家交换机配置流程及方法。交换机配置中一项很重要的工作是 VLAN 配置，工程人员根据站内信号流完成全站配置，配置过程复杂，工程人员需要对全站报文有详细了解，在已完成配置的变电站进行改扩建时，部分跨间隔交换机的重新配置对工程人员有较高的技术要求。

交换机标准化配置软件可对交换机进行统一、集中的配置，实现配置信息的源端统一；提供用户统一、便捷的配置界面，根据不同厂家交换机配置特点，生成不同的交换机配置文件，并能直接将配置文件下装至交换机运行，使交换机满足现场运行的要求。实现重要参数的统一配置，实现统一配置文件与不同交换机配置参数的转换，从而实现交换机的统一配置，解决不同厂家交换机配置方式不一、配置过程复杂易出错等问题。

智能变电站标准化配置分为基本配置、VLAN 配置、镜像配置、优先级配置和 VLAN 自动划分五个部分。

基本配置如图 2.26 所示，主要包括：设置交换机名称、IP 地址、端口数目、交换机类型。对应每个交换机端口可设置：端口名称、工作模式、状态信息、端口速率、接口类型、端口入口抑制类型、端口入口抑制大小、端口出口抑制大小、PIVD 值、PIVD 标签信息。

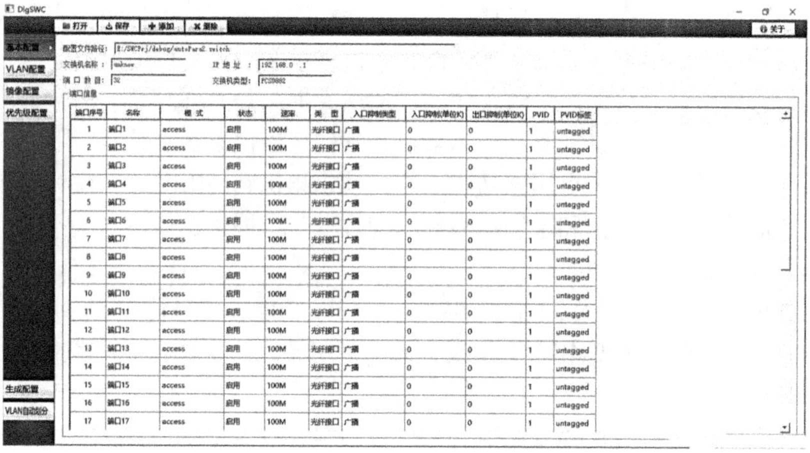

图 2.26　基本配置信息

VLAN 配置如图 2.27 所示，配置交换机各端口的 VLAN 信息值。点击"添加"按钮，弹出"添加 VLAN"对话框。输入需要添加的 VLAN 值，点击"确定"按钮，即会在列表中出现配置的 VLAN 值。再在右侧端口列表中选中包含此 VLAN 值的端口即可。

镜像配置如图 2.28 所示，设置交换机镜像信息，包括镜像开关和各个端口的镜像情况。可设置镜像端口、被镜像输入端口、被镜像输出端口。支持多端口镜像配置。

优先级配置如图 2.29 所示，设置交换机优先级信息，包括配置优先级策略是绝对优

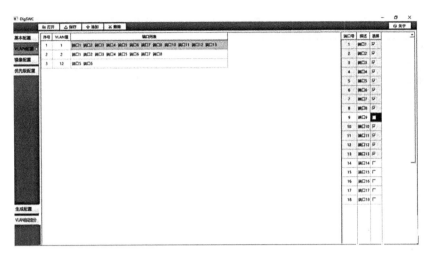

图 2.27　VLAN 配置

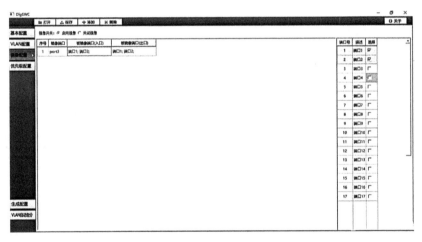

图 2.28　镜像配置

先级还是权重优先级；配置优先级队列数目，支持 4 优先级队列和 8 优先级队列；可设置每个优先级的队列优先级等级。支持常规优先级、中等优先级、高等优先级和实时优先级。

VLAN 自动划分如图 2.30 所示，可根据变电站 SCD 文件以及变电站交换机端口连接情况，自动划分交换机的 VLAN 信息。设置智能变电站组网方式，配置交换机与 IED 之间，及交换机与交换机之间的关联关系，点击"生成 PVID"按钮，为每个有连接关系的交换机端口创建 PVID 值。点击"创建 VLAN"，则会根据交换机端口连接情况，自动为每个端口创建对应的 VLAN 值。

形成统一的 XML 配置文本文件后，由于各厂商的交换机只会识别读取自己特有的配置文件格式和文件内容，所以需要将形成的统一标准定义的文件转化为各厂商的特有格

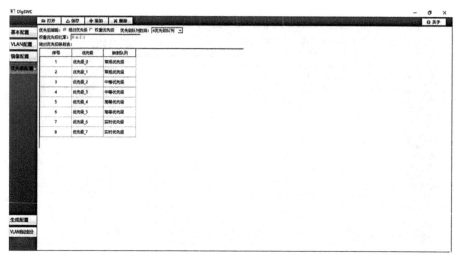

图 2.29　优先级配置

图 2.30　VLAN 自动划分

式，并提取其特有的配置内容。

利用不同配置格式转化技术将形成的标准的交换机配置文件转化为各厂商交换机特有内容和格式的文件，各厂商的交换机只读取识别自己特有的配置文件格式内容和文件格式。交换机标准文件格式定义的内容，将按照各厂商自定义格式转化。

智能变电站标准化配置工具支持生成配置多种类型厂商的交换机，如图 2.31 所示。选择需要的厂商类型，点击"确认"。即可生成对应的配置文件。

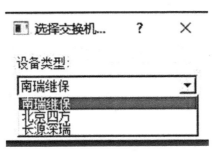

图 2.31 选择交换机厂家

交换机标准配置文件格式定义的内容，将按照各厂商自定义格式转化。选择南瑞继保，列表列出交换机的所有配置信息，如图 2.32 所示，双击"值"栏，可修改对应的值。点击"保存配置"，即可自动保存为南瑞继保交换机配置文件。

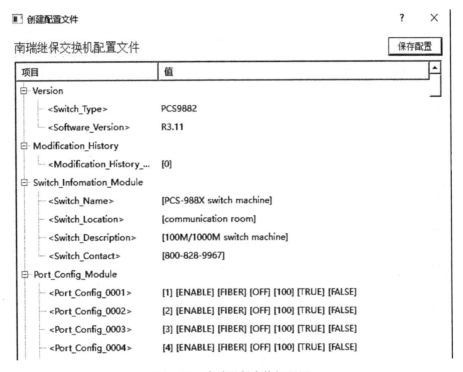

图 2.32 南瑞继保交换机配置

选择长园深瑞继保自动化有限公司以文本形式列出交换机的所有配置信息，如图 2.33 所示，可直接修改对应的值。点击"保存配置"，即可自动保存为长园深瑞交换机配置文件。

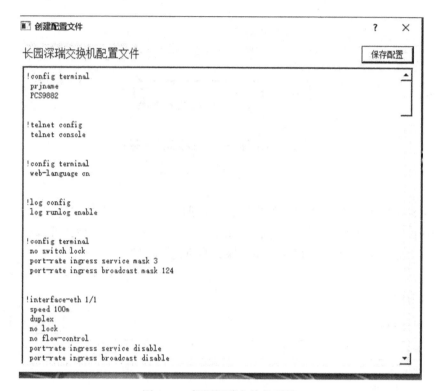

图 2.33　长园深瑞交换机配置

2.5　智能变电站以太网交换机建模技术

2.5.1　交换机的总体建模原则

IEC 61850 标准采用了面向对象的建模方法，将 IED 的功能进行分解，再对各个子功能中需要与其他 IED 进行交互的信息进行抽象表达。交换机的总体建模原则分为物理端口（PhysConn）建模原则、物理设备（IED）建模原则、逻辑设备（LD）、逻辑节点（LN）建模原则、公共数据类扩充。

2.5.1.1　物理端口建模（PhysConn）原则

交换机属于多物理端口设备，为了规范端口连接在建模中的描述方式，交换机多物理端口描述如下：

采用"PhysConn"元素定义，定义示例如下：

\<PhysConntype=" Connection/RedConn" \>

\<Ptype=" Plug" \>LC\</P\>

\<Ptype=" Port" \>1\</P\>

<Ptype="Type">FOC</P>

</PhysConn>

PhysConn 元素的"type"属性值为"Connection"时定义第一个物理网口，"RedConn"为其他冗余物理连接网口定义。当采用冗余连接或多个连接时，PhysConn 元素可重复出现，但"type"属性应为"RedConn"。

<Ptype="Plug">元素表明插头类型,如 ST、SC、LC、FC、MTRJ、RJ45;<Ptype="Port">元素表明端口号,如 1;<Ptype="Type">元素表明接口类型,如 FOC、Radio、100BaseT。

<Ptype="Port">元素为必选，其他三个可选。物理端口应由厂家在 ICD 文件预先描述，ICD 文件按访问点预先填写访问点物理端口。如果一个物理端口支持多个访问点，该物理端口描述应出现在多个访问点中。

2.5.1.2 物理设备建模(IED)原则

一个物理设备，应建模为一个 IED 对象。该对象是一个容器，包含 server 对象。server 对象中至少包含一个 LD 对象，每个 LD 对象中至少包含 3 个 LN 对象：LLN0、LPHD、其他应用逻辑节点。

装置模型 ICD 文件中 IED 名应为"TEMPLATE"。实际工程系统应用中的 IED 名由系统配置工具统一配置。

2.5.1.3 逻辑设备(LD)建模原则

交换机逻辑设备采用单 LD，其 inst 为"SWI"。

2.5.1.4 逻辑节点(LN)建模原则

交换机模型按照状态、配置两个方面进行分类，状态类模型用于显示交换机的当前硬件和软件功能的运行状态，配置类模型用于显示交换机开启的功能配置情况。交换机逻辑节点分类见表 2.18。

表 2.18 逻辑节点分类

状态类		配置类	
逻辑节点	节点描述	逻辑节点	节点描述
LPHD	物理装置信息节点	ZRLN	流量控制信息逻辑节点
LLN0	公共信息逻辑节点	SDTM	交换延时累加控制信息逻辑节点
APST	各端口统计信息逻辑节点	SPDM	端口延时补偿信息逻辑节点
APNE	各端口邻居信息逻辑节点	ZNSR	网络风暴抑制信息逻辑节点
GGIO	告警信息逻辑节点	ZPRO	优先级信息逻辑节点
SFDB	转发表信息逻辑节点		

2.5.1.5　公共数据类扩充

统一扩充两个公用数据类：ENG 和 STG，见表 2.19 和表 2.20，扩充命名空间为"SESSMODEL：2016"。其中，ENG 参照 IEC 61850（ed2）7-3 中 ENG 格式扩充。

表 2.19　　　　　　　　　枚举型 numerated status setting（ENG）

属性名	属性类型	功能约束	触发条件	值/范围	M/O/C
DataName	Inherited from Data Class (see IEC 61850-7-2)				
数据属性					
Setting					
setVal	ENUMERATED	SP	dchg		AC_NSG_M
setVal	ENUMERATED	SG,SE			AC_SG_M
configuration, description and extension					
d	VISIBLE STRING255	DC	Text		
dU	UNICODE STRING255	DC			
cdcNs	VISIBLE STRING255	EX			AC_DLNDA_M
cdcName	VISIBLE STRING255	EX			AC_DLNDA_M
dataNs	VISIBLE STRING255	EX			AC_DLN_M

表 2.20　　　　　　　　　字符整定 String setting（STG）

属性名	属性类型	功能约束	触发条件	值/范围	M/O/C
DataName	Inherited from Data Class (see IEC 61850-7-2)				
数据属性					
Setting					
setVal	UNICODE STRING255	SP			AC_NSG_M
setVal	UNICODE STRING255	SG,SE			AC_SG_M
configuration, description and extension					
d	VISIBLE STRING255	DC	Text		
dU	UNICODE STRING255	DC			
cdcNs	VISIBLE STRING255	EX			AC_DLNDA_M
cdcName	VISIBLE STRING255	EX			AC_DLNDA_M
dataNs	VISIBLE STRING255	EX			AC_DLN_M

注："M"表示"必须属性"；"O"表示"可选属性"；"C"表示"条件属性"，下同。

2.5.2 交换机逻辑节点定义

交换机逻辑节点定义分为状态类逻辑节点定义和配置类逻辑节点定义。状态类逻辑节点包括物理装置信息节点、公共信息逻辑节点、各端口统计信息逻辑节点、各端口邻居信息逻辑节点、告警信息逻辑节点转发表信息逻辑节点。配置类逻辑节点包括流量控制信息逻辑节点、交换延时累加控制信息逻辑节点、端口延时补偿信息逻辑节点、网络风暴抑制信息逻辑节点、优先级信息逻辑节点。

2.5.2.1 状态类逻辑节点定义

1. 物理装置信息节点

物理装置信息节点 LPHD 类结构见表 2.21。

表 2.21 **物理装置信息节点 LPHD 类结构**

LPHD 类			
数据对象	CDC	说明	M/O
逻辑节点名		应从逻辑节点类继承(参见 IEC 61850-7-2)	
数据			
公用逻辑节点信息			
		逻辑节点应继承公用逻辑节点类全部指定数据	M
PhyName	DPL	物理装置铭牌	M
PhyHealth	INS	物理装置健康	M
Proxy	SPS	说明该逻辑节点是否为代理	M

2. 公共信息逻辑节点(LLN0)

公共信息逻辑节点 LLN0 类结构见表 2.22。

表 2.22 **公共信息逻辑节点 LLN0 类结构**

LLN0 类			
数据对象	CDC	说明	M/O
逻辑节点名		应从逻辑节点类继承(参见 IEC 61850-7-2)	
数据			
公用逻辑节点信息			
		逻辑节点应继承公用逻辑节点类全部指定数据	M
参数(SP 约束,不可修改)			

续表

LLN0 类			
数据对象	CDC	说明	M/O
DevType	STG	装置型号	M
DevDescr	STG	装置描述	M
Company	STG	生成厂商	M
PortNum	ING	端口数量	M
HWVersion	STG	硬件版本(交换机型号版本)	M
FWVersion	STG	固件版本	M
SWVersion	STG	软件版本	M
SWTime	STG	程序生成时间	M
IPAddr	STG	IP 地址	M
MACAddr	STG	MAC 地址	M
测量信息			
CpuUsage	MV	CPU 使用率(乘以 100 上送)	M
VoltSv	MV	板卡电压	M
BoardTmpSv	MV	板卡温度	M
CPUTmpSv	MV	CPU 温度	M

3. 各端口统计信息逻辑节点(APST)

端口统计信息逻辑节点 APST 类结构见表 2.23。

表 2.23　　　　　　　　　　端口统计逻辑节点 APST 类结构

APST 类			
数据对象	CDC	说明	M/O
逻辑节点名		应从逻辑节点类继承(参见 IEC 61850-7-2)	
数据			
公用逻辑节点信息			
		逻辑节点应继承公用逻辑节点类全部指定数据	M
测量信息			
IfIndex	ING	端口索引	M
IfDescr	STG	端口描述	M
IfSpeed	MV	端口速率(MBit/s)	M

APST 类			
数据对象	CDC	说明	M/O
IfStatus	SPS	端口状态	M
IfInOcts	MV	输入端口字节数	M
IfInUniPs	MV	输入端口单播帧数	M
IfInMulPs	MV	输入端口多播帧数	M
IfInBroPs	MV	输入端口广播帧数	M
IfOutOcts	MV	输出端口字节数	M
IfutUniPs	MV	输出端口单播帧数	M
IfutMulPs	MV	输出端口多播帧数	M
IfutBroPs	MV	输出端口广播帧数	M
IfutCRCErr	MV	CRC 错误包计数器	M
InRate	MV	端口输入实时速率	M
OutRate	MV	端口输出实时速率	M
TmpSv	MV	端口 SFP 模块温度	O
VoltSv	MV	端口 SFP 模块电压	O
LightSvT	MV	端口 SFP 模块发送光强	O
LightSvR	MV	端口 SFP 模块接收光强	O

4. 各端口邻居信息逻辑节点(APNE)

端口邻居信息逻辑节点 APNE 类结构见表 2.24。

表 2.24　　　　　**端口邻居信息逻辑节点 APNE 类结构**

APNE 类			
数据对象	CDC	说明	M/O
逻辑节点名		应从逻辑节点类继承(参见 IEC 61850-7-2)	
数据			
公用逻辑节点信息			
		逻辑节点应继承公用逻辑节点类全部指定数据	M
测量信息			
PNIndex	ING	端口索引	M
LocPortID	STG	本地端口 ID	M

续表

APNE 类			
数据对象	CDC	说明	M/O
RmtDevIP	STG	远方装置 IP 地址	M
RmtDevMAC	STG	远方装置 MAC 地址	M
RmtPortID	STG	远方装置端口 ID	M
RmtDevType	STG	远方装置型号	M
RmtDevDesc	STG	远方装置描述	M

5. 告警信息逻辑节点(GGIO)(扩展信息)

告警信息逻辑节点 GGIO 类结构见表 2.25。

表 2.25 **告警信息逻辑节点 GGIO 类结构**

GGIO 类			
数据对象	CDC	说明	M/O
逻辑节点名		应从逻辑节点类继承(参见 IEC 61850-7-2)	
数据			
公用逻辑节点信息			
		逻辑节点应继承公用逻辑节点类全部指定数据	M
状态信息			
Alm	SPS	电源 1 失电	M
Alm1	SPS	电源 2 失电	M
Alm2	SPS	装置告警	M

6. 转发表信息逻辑节点(SFDB)

转发表信息逻辑节点 SFDB 类结构见表 2.26。

表 2.26 **转发表信息逻辑节点 SFDB 类结构**

SFDB 类			
数据对象	CDC	说明	M/O
逻辑节点名		应从逻辑节点类继承(参见 IEC 61850-7-2)	
数据			
公用逻辑节点信息			
		逻辑节点应继承公用逻辑节点类全部指定数据	M
定值			
FDBInd	ING	静态组播组序号	M

SFDB 类			
数据对象	CDC	说明	M/O
McastAddr	STG	组播 MAC 地址	M
VlanId	ING	VLAN ID	M
APPID	ING	组播 APPID 值	M
PortBits	ING	转发端口列表(Bit0 代表端口 1,Bit31 代表端口 32)	M

2.5.2.2 配置类逻辑节点定义

1. 流量控制信息逻辑节点(ZRLN)

流量控制信息逻辑节点 ZRLN 类结构见表 2.27。

表 2.27 **流量控制信息逻辑节点 ZRLN 类结构**

ZRLN 类			
数据对象	CDC	说明	M/O
逻辑节点名		应从逻辑节点类继承(参见 IEC 61850-7-2)	
数据			
公用逻辑节点信息			
		逻辑节点应继承公用逻辑节点类全部指定数据	M
定值			
GoLimSpd	ING	每路 GOOSE 流量限制值(单位:kBit/s)	M
SvLimSpd	ING	每路 SV 流量限制值(单位:kBit/s)	M

2. 交换延时累加控制信息逻辑节点(SDTM)

交换延时累加控制信息逻辑节点 SDTM 类结构见表 2.28。

表 2.28 **交换延时累加控制信息逻辑节点 SDTM 类结构**

SDTM 类			
数据对象	CDC	说明	M/O
逻辑节点名		应从逻辑节点类继承(参见 IEC 61850-7-2)	
数据			
公用逻辑节点信息			
		逻辑节点应继承公用逻辑节点类全部指定数据	M
定值			
GoBpEna	SPG	GOOSE Bypass 功能	M
SvBpEna	SPG	SV Bypass 功能	M

3. 端口延时补偿信息逻辑节点(SPDM)

端口延时补偿信息逻辑节点 SPDM 类结构见表 2.29。

表 2.29 端口延时补偿信息逻辑节点 SPDM 类结构

SPDM 类			
数据对象	CDC	说明	M/O
逻辑节点名		应从逻辑节点类继承(参见 IEC 61850-7-2)	
数据			
公用逻辑节点信息			
		逻辑节点应继承公用逻辑节点类全部指定数据	M
定值			
PDIndex	ING	端口索引	M
InDlTmms	ING	端口输入报文延时时间	M
OutDlTmms	ING	端口输出报文延时时间	M

4. 网络风暴抑制信息逻辑节点(ZNSR)

网络风暴抑制信息逻辑节点 ZNSR 类结构见表 2.30。

表 2.30 网络风暴抑制信息逻辑节点 ZNSR 类结构

ZNSR 类			
数据对象	CDC	说明	M/O
逻辑节点名		应从逻辑节点类继承(参见 IEC 61850-7-2)	
数据			
公用逻辑节点信息			
		逻辑节点应继承公用逻辑节点类全部指定数据	M
定值			
StormRst	ASG	风暴抑制设置值 注:该数据模型无 61850 标准单位; 实际单位为 62.5 倍 kBit/s	M
BdCtRstEna	SPG	广播报文流量限制选项	M
MtCtRstEna	SPG	组播报文流量限制选项	M
UiCtRstEna	SPG	未知单播报文流量限制选项	M

5. 优先级信息逻辑节点(ZPRO)

优先级信息逻辑节点 ZPRO 类结构见表 2.31。

表 2.31 　　　　　　　　　　　　**优先级信息逻辑节点 ZPRO 类结构**

ZPRO 类			
数据对象	CDC	说明	M/O
逻辑节点名		应从逻辑节点类继承(参见 IEC 61850-7-2)	
数据			
公用逻辑节点信息			
		逻辑节点应继承公用逻辑节点类全部指定数据	M
定值			
QuePrio	ENG	设置交换机采用的优先级策略,取值范围: 1=Weight Fair(8∶4∶2∶1)、2=Strict	M
MsgCos	ING	报文中的优先级;取值范围:0~7	M
PrioQueSet	ING	交换机中的优先级队列,取值范围:0~3 或 0~7	M

2.5.3　应用示例

在智能变电站的实际应用中,后台监控系统采用 IEC 61850-MMS 协议通过站控层网络与交换机连接,实现对交换机参数的设置、端口统计、流量查询和告警信息的上传。而应用的前提是对交换机进行建模。

基于上述建模原则"一个物理设备,应建模为一个 IED 对象",该对象是一个容器,包含 server 对象。server 对象中至少包含一个 LD 对象,每个 LD 对象中至少包含 3 个 LN 对象:LLN0、LPHD、其他应用逻辑点,对交换机设备进行建模。由于篇幅原因,以下只展示交换机建模的部分内容。

对物理设备(IED)进行建模,内容如图 2.34 所示。

```
IED name="ZXJHJ01" desc="交换机第一套中心ZDS-1000" type="ZDS-1000" manufacturer="XJDQ" crc32="9A4D7AAA" configVersion="1.0"
    AccessPoint name="S1" desc=""
        LDevice inst="LD0" desc="SWITCH"
            LN lnClass="LLN0" lnType="ZDS-1000_LLN0" inst="" desc="" prefix=""
            LN lnClass="LPHD" lnType="ZDS-1000_LPHD1" inst="1" desc="物理信息" prefix=""
            LN lnClass="GGIO" lnType="ZDS-1000_GGIO1" inst="1" desc="告警信息" prefix=""
            LN lnClass="APST" lnType="ZDS-1000_APST1" inst="1" desc="端口1统计信息" prefix=""
            LN lnClass="APNE" lnType="ZDS-1000_APNE1" inst="1" desc="端口1邻居信息" prefix=""
            LN lnClass="APST" lnType="ZDS-1000_APST1" inst="2" desc="端口2统计信息" prefix=""
            LN lnClass="APNE" lnType="ZDS-1000_APNE1" inst="2" desc="端口2邻居信息" prefix=""
```

图 2.34　物理设备建模

第一行是交换机的公共逻辑信息,包括交换机的名称、类型、厂家、CRC 以及装置版本号。第二行开始是对交换机至少应包含的对象 LLNO(公共信息逻辑节点)、LPHD(物理装置信息节点)、其他应用逻辑点(GGIO、APST、APNE 等)整体进行建模。以下对每个对象的建模内容做详细介绍。

(1)LLNO(公共信息逻辑节点)建模内容,如图 2.35 所示。

图 2.35　LLNO 建模

LLNO(公共信息逻辑节点)建模主要是对交换机的装置参数、装置状态、端口遥测量、故障信号等信息进行建模。在实际应用中,交换机通过 MMS 网络把监测信息上送给监控后台,监控后台进行数据统计分析主动发出相应的告警信息,告知用户出现异常情况需要处理。

(2)LPHD(物理装置信息节点)建模内容,如图 2.36 所示。

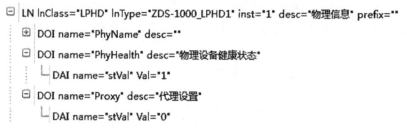

图 2.36　LPHD 建模

LPHD(物理装置信息节点)建模主要是对交换机的物理信息、物理设备健康状态信息、设置信息等进行建模。

(3)其他应用逻辑点建模,以下只展示 GGIO(告警信息逻辑节点)建模内容,如图 2.37 所示。

其他应用逻辑点建模,主要是包含各端口统计信息、告警信息、流量控制等信息建模,GGIO(告警信息逻辑节点)建模内容主要是对交换机的模式、行为状态、健康状态、铭牌、电源失电、装置告警等信息进行建模。

图 2.37　GGIO 建模

2.6　智能变电站典型组网方案

2.6.1　智能变电站网络结构

基于 IEC 61850 标准的智能变电站网络结构为三层两网，如图 2.38 所示。三层，即站控层、间隔层、过程层。站控层设备包括监控后台、故障信息系统、工程师工作站等；间隔层设备包括保护、录波器、测控装置等；过程层设备包括智能断路器和电子式互感器。两网，即站控层网、过程层网。站控层网络上传送保护动作事件、保护定值、录波文件、四遥信息等，在过程网络传送保护跳闸、保护启动、保护闭锁、断路器位置、采样值等实时信息。

2.6.1.1　站控层网络

站控层网络主要功能是进行电网调度、监控、人机联系、全站操作闭锁控制、在线组态修改参数等，保护、测控等间隔层设备通过站控层的 A/B 网交换机将数据传送至调度或控制中心，同时接收调度控制中心的操作与控制命令。其主要传输三层数据包，对实时性要求不高，但必须有网络的冗余保证信息的可靠完整上送，因此其网络结构可以采用双星形结构，也可以采用环形结构。两种站控层网络结构如图 2.39 所示。目前国内经过多

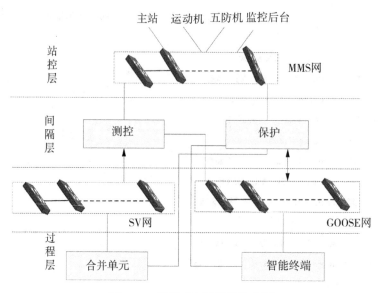

图 2.38 智能变电站网络结构图

年的变电站自动化技术发展，装置已普遍具备 2 个或多个独立的以太网口，因此在国内的变电站设计中双星形网络应用居多。

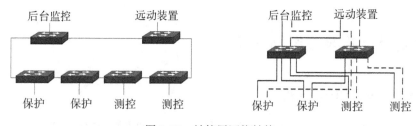

图 2.39 站控层网络结构

2.6.1.2 过程层网络

过程层网络主要传输电力二层组播报文，对可靠性、实时性具有严格要求，过程层网络在实际设备上对应的是所有过程层交换机之间的连接，这些交换机之间可以选择多种不同的连接方式，而不同的连接方式会对通信的可靠性、实时性等产生不同的影响。下面重点介绍过程层网络的几种组网方式。

1. SV 和 GOOSE 分网

继电保护装置与智能终端、合并单元之间通过交换机进行连接，根据电压等级和配置原则建立过程层子网。根据组网策略的不同，分为 SV、GOOSE 分网和 SV、GOOSE 共网两种方式。图 2.40 为 SV、GOOSE 分网方式，该方式站内结构清晰简洁，便于维护管理，保证了通信的可靠性，且两类数据互不影响。此方式的不足是通信的时延、数据的同步问题及对带宽等网络设备的高要求都会对数据传输有一定影响。图 2.41 为 SV、GOOSE 分网所示该方式具有 SV、GOOSE 分网方式相同的特点。除此之外，共网方式对网络资源的负荷要求低，两类数据传输时会产生一定影响，特别需要注意的是由于带宽和网络负荷等问题将导致数据丢失。

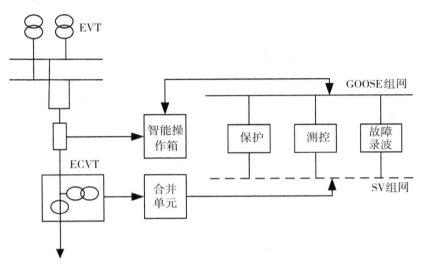

图 2.40　SV、GOOSE 分网

2. SV 和 GOOSE 共网

此方式完全符合 IEC 61850 标准对过程层网络通信的要求。其结构示意图如图 2.41 所示。

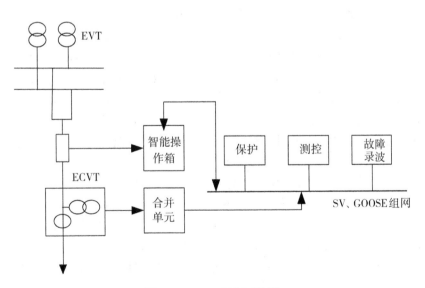

图 2.41　SV、GOOSE 分网

与 SV 和 GOOSE 分网方式相比，SV 和 GOOSE 共网的网络结构较为复杂，所需要的交换机数量较大，尤其是双重化冗余配置的方式需求量会翻倍，投资巨大，当前同时满足电磁兼容要求和 IEC 61850 标准要求的交换机型号不多，同时，SV 和 GOOSE 共网对网络的稳定性和可靠性要求更高，这就对交换机的性能提出了较高的要求，而满足这一要求的产品价格都很昂贵，因此，当前采用此方式的变电站投资都相当大。目前智能化变电站已有较多此类工程实例，有一定的工程经验。采用此方式的设备数据同步大多采用 IRIG-B 码对时。

3. SV、GOOSE 和 IEEE 1588 标准对时三网合一

IEC 61850-9-2 标准的报文采用标准的以太网接口，利用采样数据自由配置和共享数据共享，能够满足工程的要求，已经得到推广，但对设备整体性能要求较高，对早期设备来说实现还有难度，随着产品的升级完善，当前二次设备厂家的产品基本都能够支持 IEC 61850-9-2 标准。而 IEC 60044-7 和 IEC 60044-8 标准目前也仍然被保留使用，主要是为了满足《智能变电站继电保护技术规范》中保护装置"直采直连"的要求，合并单元以直连的方式采用 IEC 60044-7 和 IEC 60044-8 标准的格式给保护装置传输采样数据。保护之间的启动失灵、远方跳闸等信号通过 GOOSE 网络进行交互，保护装置与智能终端采用直连的方式针对采用 IEEE 1588 标准对时的网络，过程层组网还涉及 IEEE 1588 标准对时网络。该网络无须单独组建，依附在 SV 网或 GOOSE 跳闸网上即可，无须增加额外的电气连接，但支持对时的网络主时钟需单独提供，而且交换机也必须支持 IEEE 1588 标准对时功能。

SV、GOOSE 和 IEEE 1588 标准对时三网合一和上述 SV 和 GOOSE 共网方式基本相同，仅对时方式有区别。考虑到 IEEE 1588 标准对时精度小于 1s，这一对时精度能够满足变电站所有领域的要求；同时，通过 IEEE 1588 标准进行网络对时，无须额外的线路连接，提高了全站设备对时的可靠性，也能节省投资，为此，采用 IEEE 1588 标准对时在变电站得到了有效推广和应用。其结构示意图如图 2.42 所示。

采用此方式对交换机的要求更高，需要支持 IEEE 1588 标准对时功能，并且对过程层设备也提出了更高的要求，装置的网络芯片不仅需要支持 IEEE 1588 标准对时功能，还需要具有更高的处理能力，此方式下百兆网络已显得有些不足，千兆网络是此方式的最佳途径。但如此会涉及所有过程层设备的升级和换代，不仅在技术上需要进行有效升级，而且会增加设备投资，从而导致全站建设成本的提高；另外，支持 IEEE 1588 标准对时的交换机也需进行开发，当前满足此类要求的交换机仅有几款，而且都是新产品，价格昂贵，稳定性和可靠性还需要工程实践验证。目前在一些试点站中发现主钟的对时报文经过交换机后会有上百毫秒的修正延时，远超过规定的要求，而且出现的频率较高，交换机总体性能仍需进一步提高。总体上看，IEEE 1588 标准对时是一个系统化的工作，需要 IED、网络交换机和变电站主时钟的支持以及合理的网络拓扑结构等，只有各个环节都支持且相互有效配合，才能达到小于 1s 的对时精度。当前浙江、辽宁、湖南等省均有变电站采用此方式，作为技术性的尝试和探索已经积累了一定的工程经验。但此方式需对网络进行划分，工作量较大，虽然较为先进，但总体运行的稳定性和可靠性还有待进一步检验，建议待技术成熟和积累丰富运行维护经验后再推广应用。

4. 混合组网

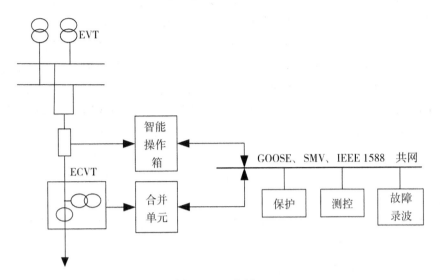

图 2.42 三网合一

混合组网方式是结合上述几种方式，根据实际工程的运用灵活进行调整的一种组网方式。图 2.43 为保护采样和跳闸点对点，其余通过组网方式实现的混合组网方式。

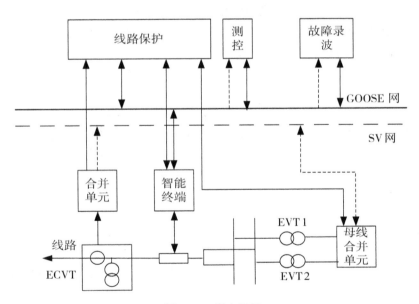

图 2.43 混合组网

混合组网方式主要考虑保护装置安全可靠性的要求，尽量避免因为网络故障而导致保护功能失效。此方式在《智能变电站继电保护技术规范》中有明确的定义，即：除了保护装置外，其余的测控、网络分析、故障录波等设备仍然采用组网的方式实现。合并单元、

智能操作箱等都需要增加多个光接口以满足直连和组网的需求,目前设备光接口至少需要
8 个,母线保护、备自投保护等跨间隔的设备需要的光接口更多。智能变电站第一批试点
的一些变电站已经按照此方式进行设计建设,现以 750kV 等级变电站(750kV/220kV/
35kV)为例,750kV 侧和 220kV 侧,保护装置分别与对应的合并单元、智能终端之间采用
点对点光纤直采直跳的模式。每个间隔通过交换机组成过程层 A 网与过程层 B 网,SV 网
络和 GOOSE 网络采用分网模式;对于 35kV 侧的间隔,要根据现场情况进行设计。若采
用保护测控一体化设备并且下方有开关,可采用点对点方式进行组网;若采用保护测控一
体化设备但组屏建设,则可以分别组建 SV 网和 GOOSE 网或 SV,GOOSE 和 IEEE 1588 标
准对时共网(也有称为"三网合一")。全站对时方式可采用较为成熟的 IRIG-B 码对时,也
可尝试在各电压等级的 SV 网和 GOOSE 网中实现 IEEE 1588 标准对时,只需通过网络与主
时钟连接即可,但要求设备和交换机都支持 IEEE 1588 标准。总体看来,混合式组网方式
既满足了国家电网公司相关标准和规范的需求,同时也在提高保护安全性和可靠性的基础
上满足了全站信息智能化、标准化和网络化的要求,将成为今后智能变电站建设的主要组
网方式。

2.6.1.3 智能变电站典型组网

随着智能电网技术的不断发展,计算机网络技术在智能变电站建设中得到广泛应用,
选择合适的组网方式,是组建计算机网络的第一步,也是实现各种网络协议的基础。根据
智能变电站技术导则规范,在前文站控层和过程层的组网分析的基础上,下面介绍智能变
电站常见的组网方案。组网方案见表 2.32。

表 2.32 组 网 方 案

方案	说明
方案一	三层两网
方案二	三层一网
方案三	三层两网-网采网跳分网运行
方案四	三层两网-网采网跳共网运行

(1)三层两网:采样值点对点传输、本间隔信息点对点传输,跨间隔信息网络方式
传输;

(2)三层一网:采样值点对点传输,GOOSE 信息点对点传输;

(3)三层两网-网采网跳分网运行:采样值,GOOSE 信息均网络方式传输,两者分网
运行;

(4)三层两网-网采网跳共网运行:采样值,GOOSE 信息均网络方式传输,两者共网
运行。

方案一间隔保护、测控、计量装置采用光纤点对点方式直接与过程层合并单元和智能终端连接，保证各间隔功能自治，获得最大运行可靠性。网络结构采取三层两网方式，过程层 SV 和 GOOSE 合并组网，主要用于间隔层 IED 间网络报文交互、记录以及集中式故障录波的存储。网络报文记录、集中故障录波的存储构成变电站的数据中心，支撑站控层高级运用。

方案二间隔保护、测控、计量装置采用光纤点对点方式直接与过程层合并单元和智能终端连接，保证各间隔功能自治，获得最大运行可靠性。与方案 1 不同之处在于不设过程层网络，保留站控层网络，星形单网。站控层网络可同时传输 SV、GOOSE、MMS、IEE1588 报文，通过网络线数处理技术、VLAN、GMRP 等技术手段保证网络传输可靠性。

方案三的特点在于 SV 和 GOOSE 信号均组网传输，有利于信息的共享化。站内结构清晰简洁，便于维护管理，保证了通信的可靠性，且两类数据互不影响。

方案四与方案三的不同之处在于 SV 和 GOOSE 信号共网传输。在 SV 和 GOOSE 共同组网的情况下，为了保证 GOOSE 信号的实时性，可以利用 VLAN 技术将过程层划分一些功能组网，启用交换机分级服务质量提供优先传输机制，保证重要报文的优先传输。

针对智能变电站四种常见的组网方案，从网络架构、保护可靠性、网络流量、灵活性、其他及要求五个方面对四种智能变电站典型的组网方案进行比对，比对结果见表2.33 所示。

表 2.33 不同组网方案对比

方案	方案 1	方案 2	方案 3	方案 4
网络架构	两网独立，系统复杂	单一网络，结构简单	两网独立，系统复杂	双网冗余配置，结构最复杂
保护可靠性	直采直跳，功能自治	直采直跳，功能自治	网络依赖性高，可靠性低	网络依赖性高，可靠性低
网络流量	两层网络，各自独立，流量小	两网合一，流量较大	分网运行，流量较小	冗余配置，负荷均衡，流量较小
灵活性	保护功能较低，自动化功能较高	保护功能较低，自动化功能较高	网络数据共享，各项功能配置灵活	网络数据共享，各项功能配置灵活
其他及要求	完全符合国网规格	需要部分千兆端口	过程层需冗余配置	过程层需冗余配置

方案一至方案四网络系统的复杂度依次降低，后期运行维护的可靠性依次降低。以往组网方案经济性比较片面的关注交换机的数量，而忽略了装置的端口数量、连接介质的长度、网络系统的复杂程序及后期的维护成本等内在因素，应该从系统全寿命周期的角度出发进行全面衡量。

2.6.2　智能变电站典型组网配置

智能变电站在设计之初需要从经济方面、技术等方面选择站控层和过程层组网方案，各电压等级的智能变电站会根据实际的情况选择不同的组网方案，根据前文典型组网方案的比较，下面结合实例，给出 750kV、220kV、110kV 电压等级的智能变电站典型组网配置。

2.6.2.1　750kV 智能变电站网络典型组网配置

某个 750kV 变电站的主接线图如图 2.44 所示。本期 2 台主变，750kV 侧采用 3/2 接线，包含四个串间隔。220kV 侧采用双母线接线，包含 8 个线路间隔。

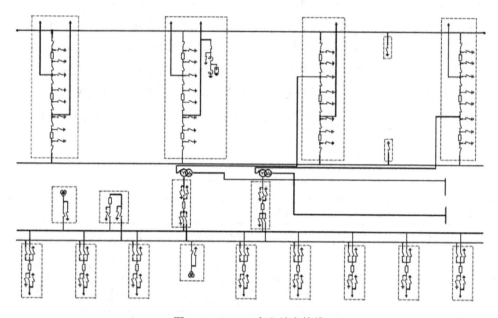

图 2.44　750kV 变电站主接线

该变电站站控层网络和过程层网络都采用双星形拓扑结构。750kV 侧和主变 220kV 电压等级配置双网(双网相对独立，不发生数据交互)，低压侧不设置过程层网络。

750kV 侧过程层的组网方案采用了前文 2.6.1.3 节方案一的模式，如图 2.45 所示。750kV 部分采用双套串保护、线路保护、合并单元、智能终端，单套测控的配置方案。双套串保护、线路保护分别与对应的合并单元、智能终端之间采用点对点光纤直采直跳的模式。每个间隔通过交换机组成过程层 A 网与过程层 B 网，SV 网络和 GOOSE 网络采用共网模式。每个间隔的过程层串 A/B 网交换机分别级联到 220kV A/B 网中心交换机。每个间隔的保护和对应的智能终端、合并单元在直连的同时，也会将相应的数据转发到对应的间隔交换机上，每个间隔的测控会通过对应的过程层 A 网采集测量和计量数据和相应的开关量。

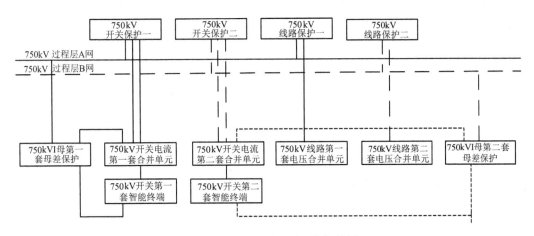

图 2.45 750kV 过程层网络拓扑图

220kV 侧过程层网络采用了 2.6.1.3 节方案一的模式，如图 2.46 所示。220kV 部分采用双套保护、合并单元、智能终端，单套测控的配置方案。双套保护分别与对应的合并单元、智能终端之间采用点对点光纤直采直跳的模式。每个间隔通过交换机组成过程层 A 网与过程层 B 网，SV 网络和 GOOSE 网络采用共网模式。每个间隔的过程层 A/B 网交换机分别级联到 220kV A/B 网中心交换机。每个间隔的保护和对应的智能终端、合并单元在直连的同时，也会将相应的数据转发到对应的间隔交换机上，每个间隔的测控会通过对应的过程层 A 网采集测量和计量数据和相应的开关量。

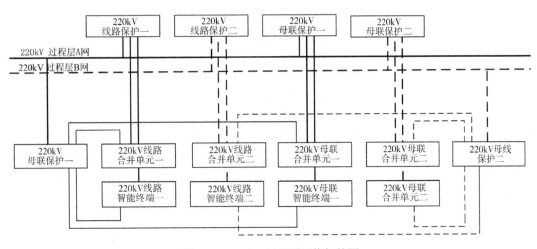

图 2.46 220kV 过程层网络拓扑图

220kV 站控层网络采用双星形网络结构，如图 2.47 所示。站控层设备包括：监控主机、操作员主机、五防主机、远动装置、保信子站等。保护、测控等间隔层设备通过站控层的 A/B 网交换机将数据传送至调度或控制中心，并接收调度控制中心有关控制命令并转向间隔层、过程层执行。

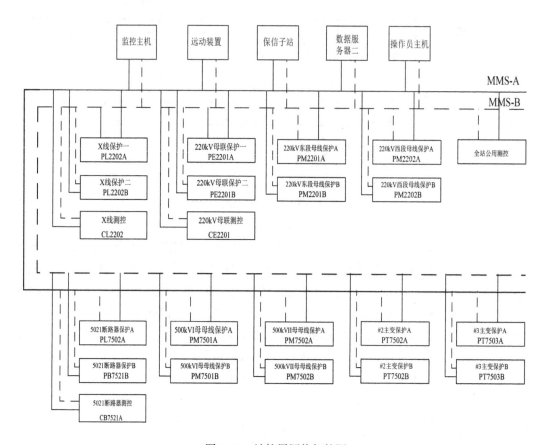

图 2.47　站控层网络拓扑图

2.6.2.2　220kV 智能变电站网络典型组网配置

某 220kV 变电站的主接线如图 2.48 所示。本期 2 台主变，220kV 侧采用双母线接线，包含 2 个线路间隔。110kV 侧采用单母线分段接线，包含 7 个线路间隔。

该变电站站控层网络和过程层网络都采用双星形拓扑结构。220kV 侧和主变 110kV 电压等级配置双网（双网相对独立，不发生数据交互），其余 110kV 侧配置单网，低压不设置过程层网络；

220kV 过程层网络采用了前文 2.6.1.3 节方案一的模式，如图 2.49 所示。220kV 部分采用双套保护、合并单元、智能终端，单套测控的配置方案。双套保护分别与对应的合并单元、智能终端之间采用点对点光纤直采直跳的模式。每个间隔通过交换机组成过程层 A 网与过程层 B 网，SV 网络和 GOOSE 网络采用共网模式。每个间隔的过程层 A/B 网交

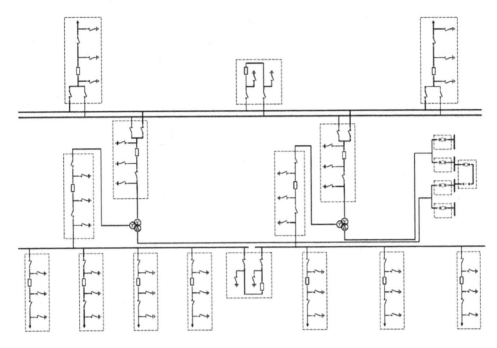

图 2.48　220kV 变电站主接线图

换机分别级联到 220kV A/B 网中心交换机。每个间隔的保护和对应的智能终端、合并单元在直连的同时，也会将相应的数据转发到对应的间隔交换机上，每个间隔的测控会通过对应的过程层 A 网采集测量和计量数据和相应的开关量。

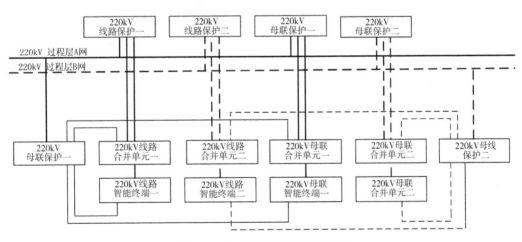

图 2.49　220kV 过程层网络拓扑图

110kV 过程层网络采用了 2.6.1.3 节方案四组网的模式。如图 2.50 所示，110kV 部分采用单套保护测控计量一体化装置、单套合并单元、智能终端装置、主变 110kV 部分

113

双套合并单元、智能终端、单套测控的配置方案。保护测控装置与合智一体装置采用网采网跳的模式。SV 网络和 GOOSE 网络采用共网模式。由于除主变间隔的设备是双套配置外，其他间隔是单套配置，主变间隔的 A/B 网过程层交换机分别级联到 110 kV A/B 网过程层中心交换机，其他间隔的 A 网交换机级联到 110 kV A 网过程层中心交换机。

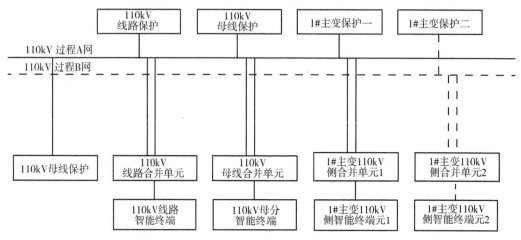

图 2.50　110kV 过程层网络拓扑图

110kV 侧站控层网络采用双星型网络结构，如图 2.51 所示。站控层设备包括：监控主机、操作员主机、五防主机、远动装置、保信子站等。保护、测控等间隔层设备通过站控层的 A/B 网交换机将数据传送至调度或控制中心，并接收调度或控制中心有关控制命令并转向间隔层、过程层执行。

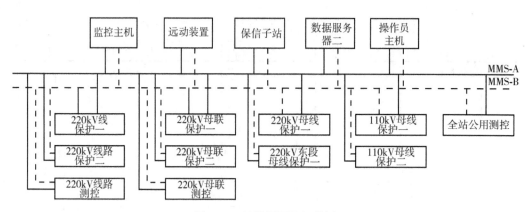

图 2.51　站控层网络拓扑图

2.6.2.3　110kV 智能变电站网络典型组网配置

某 110kV 变电站的主接线如图 2.52 所示。本期 2 台主变，采用内桥接线，包含 2 个线路间隔。

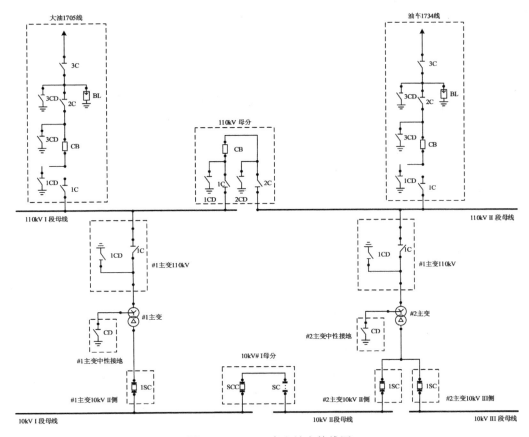

图 2.52　110kV 变电站主接线图

　　该变电站采用了 2.6.1.3 节方案二的模式，主变差动保护以及 110kV 母线差动保护采用保护直采直跳光纤直连方案。

　　站控层网络采用单星形网结构，如图 2.53 所示。站控层设备包括：监控主机、操作员主机、五防主机、远动装置、保信子站等。保护、测控等间隔层设备通过站控层的 A 网交换机将数据传送至调度或控制中心，并接收调度或控制中心有关控制命令并转向间隔层、过程层执行。

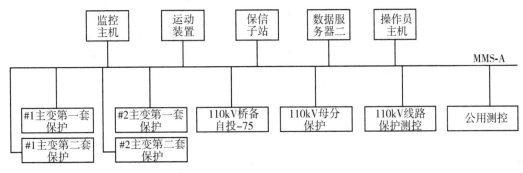

图 2.53　站控层网络拓扑图

第3章 电力以太网交换设备的测试

3.1 单机性能与功能测试

3.1.1 交换机性能测试

电力以太网交换机是智能变电站站内信息交换的枢纽，用以实现数字信息的交互，确保各种电力装置相应功能正确、高效地运行。因此，针对智能变电站的网络性能测试也以工业以太网交换机为核心展开。智能变电站所用的电力以太网交换机的基本性能应满足吞吐量、存储转发时延、帧丢失率、背靠背等的要求，并应满足型式实验的各项指标要求。以下对交换机的性能测试内容做详细介绍。

交换机性能测试内容包括：吞吐量测试、地址学习能力测试、地址缓存能力测试、存储转发时延测试、存储转发速率测试、时延抖动测试、帧丢失率测试、背靠背测试、基于优先级的 QoS 性能测试、队头阻塞测试、GMRP 功能测试。

3.1.1.1 吞吐量测试

吞吐量指设备在不丢帧情况下所能达到的最大传输速率，是衡量交换机性能好坏最重要的指标之一。

吞吐量的测试模式分为三种：配对模式、部分网状模式、全网状模式。配对模式是指两个端口间互发数据；部分网状模式是指部分端口间互发数据；全网状模式是指所有端口间互发数据。

下面结合图 3.1 所示的连接关系，对交换机吞吐量的测试(配对模式下)进行说明。

(1)按照图 3.1 接线，将测试仪的端口 1 与交换机的端口 1 相连、测试仪的端口 2 与交换机的端口 2 相连；

(2)由测试仪的端口 1 按照设定的速率和帧数发送报文给交换机的端口 1，再由测试仪的端口 2 接收交换机的端口 2 返回的传输报文；

(3)如果发送的帧与接收的帧数量相等，提高发送速率并重新测试；如果接收帧少于发送帧，则降低发送速率重新测试，直至得出最终结果。吞吐量测试结果以比特/秒或者字节/秒表示。

吞吐量测试参数包括：测试时间、发送速率、测试帧长度。测试仪测试交换机的吞吐量的测试方法一般有 2 种形式：一种为顺序查找法，是指从某个固定流量开始测试，出现丢帧就顺序减少流量，没有丢帧就顺序增加流量，一直到测出吞吐量；另一种为折半测试

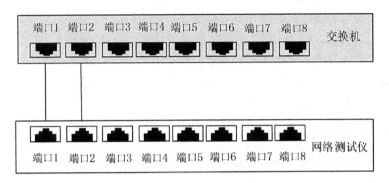

图 3.1 吞吐量测试接线图

法，是指从某个固定开始测试，出现丢帧就在设定的最小值与当前值之间算出中间值继续测试，没有丢帧就从最大值与当前值之间算出中间值继续测试，一直到测出吞吐量。

3.1.1.2 地址学习能力测试

地址学习能力指交换机学习新的 MAC 地址的速率。交换机在开机后，首先地址表中除了静态绑定的以外，MAC 地址表处于空白状态。当交换机工作时，收到一个 MAC 地址表中不存在的 MAC 数据帧，交换机不知道从哪个端口将数据转发出去，这样就会有一个 ARP 的过程，通过 ARP 后，交换机找到从哪个端口将数据转发出去。此时，交换机会记录下这个帧的 MAC 地址与接收到该帧的端口信息，即新增一条 MAC 地址表条目。比如：交换机从端口 1 收到一个源 MAC 为 aa-aa-aa-aa-aa-aa 的数据帧，如果交换机的 MAC 地址表中并不存在该 MAC 的条目，此时，交换机会在 MAC 地址表中建立一条 MAC 与该端口相对应的条目。表示从端口 1 中发现 MAC 为 aa-aa-aa-aa-aa-aa 的主机，如果以后有数据包要发到这个主机去，那交换机就会直接将数据包从端口 1 转发出去。

下面结合图形 3.2 的连接关系，对交换机地址学习能力的测试进行说明。

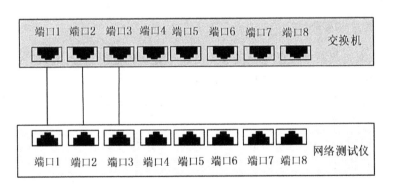

图 3.2 地址学习能力测试接线图

(1) 按照图 3.2 接线，将测试仪的端口 1 与交换机的端口 1 相连、测试仪的端口 2 与交换机的端口 2 相连、测试仪的端口 3 与交换机的端口 3 相连，其中测试仪的端口 1 为测试端口，端口 2 为学习端口，端口 3 为监视端口；

(2) 由测试仪的端口 1 以一定的速率向交换机的端口 1 发送带有不同 MAC 地址的数据帧数，直到测试仪的端口 3 接收到数据帧；

(3) 当测试仪的端口 3 刚好收不到数据帧而端口 2 收到数据帧时，此时端口 1 发送的数据帧的速率即为交换机的地址学习速率。

3.1.1.3　地址缓存能力测试

地址缓存能力指每个端口/模块/设备能够缓存的不同 MAC 地址的数量。

下面对交换机地址缓存能力的测试进行说明。

(1) 接线图参照图 3.2；测试仪的端口 1 为测试端口，端口 2 为学习端口，端口 3 为监视端口；

(2) 由测试仪的端口 1 不断增大向学习端口发送带有不同 MAC 地址的数据帧数，直到测试仪的端口 3 接收到数据帧；

(3) 当测试仪的端口 3 刚好收不到数据帧时，此时端口 1 发送的数据帧数即为地址缓存能力。

3.1.1.4　存储转发时延测试

存储转发时延指从输入帧的最后一个比特到达输入端口开始，至在输出端口上检测到该帧的第一个比特为止的时间间隔。

下面对交换机存储转发时延的测试进行说明。

(1) 接线图参照图 3.1；将测试仪的端口 1 与交换机的端口 1 相连、测试仪的端口 2 与交换机的端口 2 相连；

(2) 测试仪的端口 1 和端口 2 以不同的负荷互相发送数据；

(3) 记录不同帧长的存储转发时延，记录数据应包含最大时延、最小时延和平均时延。

3.1.1.5　存储转发速率测试

存储转发速率指当整个帧已完全接收，再进行冗余码校验、过滤和转发处理的速率。

下面对交换机存储转发速率的测试进行说明。

(1) 接线图参照图 3.1；将测试仪的端口 1 与交换机的端口 1 相连、测试仪的端口 2 与交换机的端口 2 相连；

(2) 测试仪的端口 1 和端口 2 同时以最大负荷互相发送数据；

(3) 记录不同帧长在不丢帧的情况下的最大转发速率。

3.1.1.6　时延抖动测试

时延抖动指存储转发时延的变化值。

下面对交换机时延抖动的测试进行说明。

(1)接线图参照图 3.1；将测试仪的端口 1 与交换机的端口 1 相连、测试仪的端口 2 与交换机的端口 2 相连；

(2)测试仪的端口 1 和端口 2 同时以最大负荷互相发送数据；

(3)记录不同帧长的时延抖动，记录数据应包含最大时延抖动、最小时延抖动和平均时延抖动。

3.1.1.7　帧丢失率测试

帧丢失率指交换机端口以特定频率转发特定数量数据帧情况下帧丢失的比率。

帧丢失率和吞吐量密切相关，在吞吐量范围内，帧丢失率应该为零，当超过吞吐量时就会产生帧的丢失。

下面对交换机帧丢失率的测试进行说明。

(1)接线图参照图 3.1；将测试仪的端口 1 与交换机的端口 1 相连、测试仪的端口 2 与交换机的端口 2 相连；

(2)测试仪的端口 1 和端口 2 同时以端口存储转发速率互相发送数据；

(3)记录不同帧长的帧丢失率。

3.1.1.8　背靠背测试

背靠背指最小帧间隔情况下，交换机一次能够转发的最多的长度固定的数据帧数。

下面对交换机背靠背的测试进行说明。

(1)接线图参照图 3.1；将测试仪的端口 1 与交换机的端口 1 相连、测试仪的端口 2 与交换机的端口 2 相连；

(2)测试仪的端口 1 和端口 2 同时以最大负荷互相发送数据；

(3)记录不同帧长的背靠背帧数。

3.1.1.9　基于优先级的 QoS 性能测试

QoS 性能指在流量较大的情况下，交换机保证高优先级数据不丢帧的能力。

智能变电站中以太网报文、SV 及 GOOSE 报文都可以通过报文中相应字段设置报文优先级，优先级分为 1~7 级。优先级的设置有两种模式可选，一种是绝对优先级，一种是加权优先级。1~7 的优先级又可划分为 4 个队列，分别为低队列、正常队列、中等队列与高队列。不同优先级设置但属于同一队列的数据流，实际是拥有相同的优先权。根据交换机队列设置不同，流量超过吞吐量后报文丢帧的机制不同，一般队列高的数据流后丢帧或少丢帧，队列低的数据流先丢帧或多丢帧。

下面结合图形 3.3 的连接关系，对交换机 QoS 性能的测试进行说明。

(1)按照图 3.3 接线，将测试仪的端口 1~5 分别与交换机对应的五个端口相连。

(2)测试仪的端口 1 按如下方式构建流量：2% 的 Goose 流量；25% 的未知单播流量；测试仪端口的 2 按如下方式构建流量：2% 的 SV 流量；25% 的未知单播流量；测试仪的端口 3 和端口 4 构建 30% 的广播流量；其中，Goose 和 SV 流量的 cos 值为 7，其余流量 cos 值为 0。

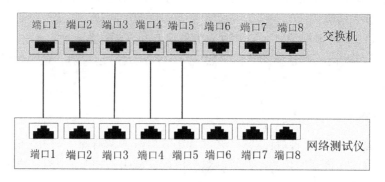

图 3.3　QoS 性能测试接线图

（3）在交换机上配置基于绝对优先级的 QoS 功能，并配置 Goose 和 SV 流量的优先级为最高。

（4）测试仪的端口 1~4 按照步骤（2）配置的流量发送数据，端口 5 接收数据。

（5）记录测试仪的端口 5 接收到的 Goose 流量和 SV 流量的时延值。

3.1.1.10　队头阻塞测试

队头阻塞，是指交换机端口接收队列中因前序帧目的端口拥塞导致队列中去向未拥塞端口的帧出现丢失或时延增大的现象。

当在相同的输入端口上到达的包被指向不同的输出端口时就会出现排头阻塞。由于输入缓存使用了先入先出队列，交换结构在每一个时隙（周期）中将输入队列队头的数据包发送到其对应的输出端口中，队列后部的数据包就只能等待前面传输完后再排到队列前面，然后才可以传输。如果某一缓存头部的数据包由于拥塞而不能到达输出端口，那么该缓存后面的数据包即使本身目的端口并没有拥塞，也会因此产生队头阻塞。

下面结合图形 3.4 的连接关系，对交换机队头阻塞的测试进行说明。

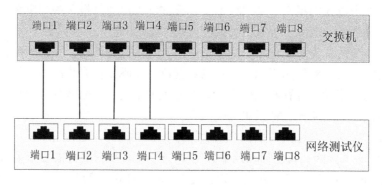

图 3.4　队头阻塞测试接线图

（1）按照图 3.4 接线，将测试仪的端口 1~4 分别与交换机对应的四个端口相连；

(2)测试仪的端口 1 和端口 2 分别满负荷向对方发送数据帧，端口 3 以 50% 的负载流量分别向端口 2 和端口 4 发送数据帧；

(3)检测帧长度为 64 字节，检测时间为 30 s；

(4)记录测试仪的端口 3 向端口 4 发送数据帧丢失率以及存储转发时延值。

3.1.1.11　GMRP 功能测试

GMRP 是基于 GARP 的一个组播注册协议，用于维护交换机中的组播注册信息。所有支持 GMRP 的交换机都能够接收来自其他交换机的组播注册信息，并动态更新本地的组播注册信息，同时也能将本地的组播注册信息向其他交换机传播。这种信息交换机制，确保了同一交换网内所有支持 GMRP 的设备维护的组播信息的一致性。

下面结合图 3.5 的连接关系，对交换机 GMRP 功能的测试进行说明。

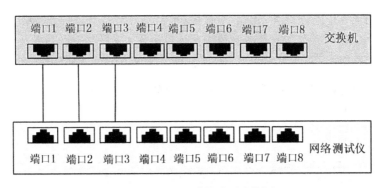

图 3.5　GMRP 功能检测连接图

GMRP 功能的测试方法如下：

(1)按照图 3.5 接线，将测试仪的端口 1、2、3 与交换机对应的三个端口相连，测试仪的端口 1 作为组播源端口，测试仪的端口 2 作为加入端口，端口 3 作为监视端口。

(2)将交换机与测试仪连接端口的 GMRP 功能开启。

(3)测试仪的端口 1 构造组播流，数据流 1：组播流报文 1，速率设置为端口满载速率 1%；数据流 2：组播流报文 2，速率设置为端口满载速率 1%。

(4)测试仪的端口 2 构造组播流 1 加入报文和离开报文，数据流 3：Join1 加入报文；数据流 4：Leave1 离开报文。

(5)测试仪的端口 2 发送数据流 3，Join1 加入报文，测试仪的端口 1 发送数据流 1：组播流报文 1，端口 2 可以接收到组播 1 流量。

(6)测试仪的端口 2 发送数据流 3，Join1 加入报文，测试仪端口 1 发送数据流 2：组播流报文 2，端口 2 无法接收到组播 2 流量。

(7)测试仪的端口 2 停止发送 Join 报文改为发送 Leave 报文后，端口 2 无法收到组播流量。

3.1.2　交换机功能测试

　　智能变电站工业以太网交换机作为智能变电站信息交互的中心枢纽，在满足性能要求的同时，其功能也成了至关重要的关注对象。智能变电站所用的电力以太网交换机应具有链路聚合、非法 IP 报文过滤、基础环网及端口镜像等功能。

　　交换机的功能测试内容包括：端口镜像、链路聚合、VLAN、优先级、基础环网、电源告警、非法 IP 报文过滤、静态路由、RIP 动态路由协议、三层报文 ACL 功能的测试。

3.1.2.1　端口镜像测试

　　端口镜像指可以让用户将所有的流量从一个特定的端口复制到一个镜像端口。端口镜像又分为单端口镜像与多端口镜像。单端口镜像具有一对一端口镜像功能；多端口镜像具有多对一端口镜像功能。

　　下面结合图 3.6 中的连接关系，对交换机单端口镜像的测试进行说明。

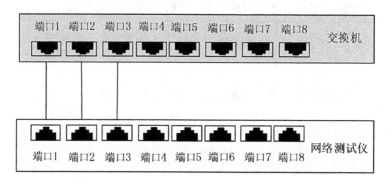

图 3.6　单端口镜像测试连接图

　　(1)按照图 3.6 接线，将测试仪的端口 1 与交换机的被镜像端口 1 相连，测试仪的端口 2 与交换机的端口 2 相连，测试仪的端口 3 与镜像端口 3 相连，配置交换机的镜像端口 3 监听被镜像端口 1 双向数据。

　　(2)测试仪的端口 1、2 之间互发数据，端口 3 监听。

　　(3)检测帧长为 256 字节，检测时间为 10s，发送端口负载为 10%。

　　(4)记录测试仪的端口 3 的收帧数、端口 1 的收发帧数(端口 3 的收帧数应等于端口 1 的收发帧数之和)。

　　下面结合图 3.7 的连接关系，对交换机多端口镜像的测试进行说明。

　　(1)按照图 3.7 接线，测试仪的端口 1 与交换机的被镜像端口 1 相连，测试仪端口 2 与交换机的端口 2 相连，测试仪端口 3 与交换机的被镜像端口 3 相连，测试仪的端口 4 与交换机的端口 4 相连，测试仪的端口 5 与交换机的镜像端口 5 相连，配置交换机的镜像端口监听被镜像端口双向数据。

　　(2)测试仪的端口 1、2 之间互发数据，测试仪的端口 3、4 之间互发数据，测试仪的端口 5 监听。

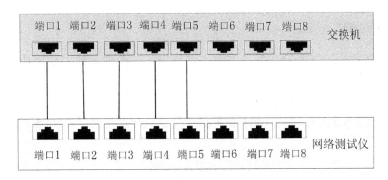

图 3.7　多端口镜像测试连接图

（3）检测帧长为 256 字节，检测时间为 10s，发送端口负载为 10%。

（4）记录测试仪的端口 5 的收帧数以及端口 1、3 收发帧数（端口 5 的收帧数应等于端口 1、3 的收发帧数之和）。

3.1.2.2　链路聚合测试

链路聚合，是指将多个物理端口捆绑在一起，成为一个逻辑端口，以实现出入流量在各成员端口中的负荷分担。交换机根据用户配置的端口负荷分担策略决定报文从哪个端口发送到对端的交换机，当交换机检测到其中一个端口的链路发生故障时，就停止在此端口发送报文，并根据负荷分担策略在剩下链路中重新计算报文发送的端口，当故障端口恢复后重新计算报文的发送端口。链路聚合在增加链路带宽、实现链路传输弹性和冗余等方面是一项很重要的技术。

下面结合图 3.8 的连接关系，对交换机链路聚合的测试进行说明。

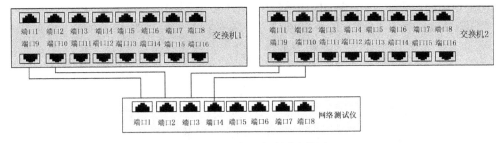

图 3.8　链路聚合检测连接图

（1）按照图 3.8 接线，将交换机 1 的端口 9 和端口 10（除链路聚合端口外）分别与测试仪的端口 1、2 相连，将交换机 2 的端口 9 和端口 10（除链路聚合端口外）分别与测试仪的端口 3、4 相连，配置两台交换机之间的聚合链路。

（2）测试仪的端口 1、2 作为一个逻辑整体和测试仪的端口 3、4 作为一个逻辑整体之间互发数据，流量为单端口带宽的 2 倍。

（3）记录传输过程的数据丢包率（丢包率应为 0）。

3.1.2.3　VLAN 测试

VLAN，是指将局域网内的交换机逻辑地而不是物理地划分成多个网段，从而实现虚拟工作组。

下面对交换机 VLAN 的测试进行说明。

(1)接线图参照图 3.7；测试仪的端口 1~5 分别与交换机的端口 1~5 相连，交换机的端口 1 为聚合端口。

(2)检测帧长为 256 字节，检测时间为 30s，负载为 100%。

(3)配置交换机的端口 2 为聚合端口，交换机的端口 3 的 VLAN ID 为 10，交换机的端口 4 的 VLAN ID 为 20，交换机的端口 5 的 VLAN ID 为 30。

(4)测试仪的端口 1 同时发送 4 个数据流到交换机的端口，测试仪的端口 2、3、4、5 作为接收端口，分析接收端数据流情况。4 个数据流分别如下。

stream1：Goose 报文，VID 为 0；

stream2：普通 IP 报文，VID 为 10；

stream3：普通 IP 报文，VID 为 20；

stream4：普通 IP 报文，VID 为 30。

(5)测试仪发送到交换机的端口 1 的数据流，若 VLAN ID 号不同，则交换机丢弃该数据流；若相同，则转发至相同 VLAN 的端口。

3.1.2.4　优先级测试

通过设置端口的优先级，当网络拥塞发生时，系统将首先丢弃低优先级端口上的报文，从而保证高优先级的报文的传送。

下面对交换机优先级的测试进行说明。

(1)接线图参照图 3.7；测试仪的端口 1~5 分别与交换机对应的端口相连。

(2)测试仪的端口 1、2、3、4 分别建立 1 条数据流，帧长为 256 字节，检测时间为 30s，端口发送负载均为 55%，由相应的端口发出，流量会造成拥塞，端口 5 作为接收端口。

(3)观察接收端口 5 的各种数据流的通过情况。

(4)绝对优先级条件下，高优先级的数据流通过，低优先级的数据流将有丢失；相对优先级条件下，低优先级的数据流通过率小于高优先级的数据流。

3.1.2.5　基础环网测试

基础环网，是指把可实现无盘服务器跨交换机聚合，可将多台设备虚拟成一台设备的内网组网。

下面结合图 3.9 的连接关系，对交换机基础环网的测试进行说明。

(1)按照图 3.9 接线，将 4 台交换机环连起来，测试仪的端口 1~3 与交换机 1 的端口 9~11 相连，测试仪的端口 4 与交换机 4 的端口 11 相连。

(2)在测试仪的端口 1、2、3 分别建立三条流，Stream1：IPv4 报文，VLAN ID 为 1，

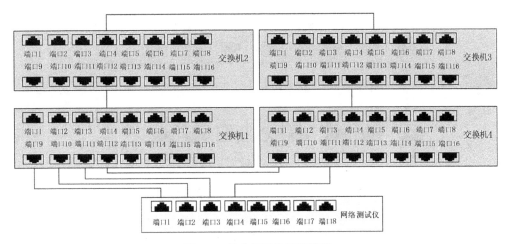

图 3.9 基础环网检测连接图

优先级为 1；Stream2：goose 报文，VLAN ID 为 1，优先级为 4；Stream3：1Mbits/s 广播报文。测试仪的端口 4 作为接收端。

(3) 每次试验改变测试仪的端口 1、端口 2、端口 3 的总负荷，分别为 5% 和 95%。

(4) 查看接收测试仪的端口 4 的各种数据流的通过情况。

(5) 分别拔插 A、B、C 三条路径，检测环网恢复时间。

(6) 环网恢复时间计算方法：

$$环网恢复时间(ms) = (总发送帧数/帧丢失数) \times 检测时间(ms)$$

(7) 要求最长环网恢复时间每台交换机不超过 50ms。

3.1.2.6 非法 IP 报文过滤测试

非法 IP 报文过滤指交换机可以过滤掉非法的 IP 地址报文，其中包含用户故意修改的和病毒、攻击等造成的非法 IP 报文。

下面结合图 3.10 的连接关系，对交换机非法 IP 报文过滤的测试进行说明。

(1) 按照图 3.10 接线，将测试仪的端口 1 和端口 2 分别与交换机的端口 1 和端口 2 相连。

(2) 交换机的端口 1 配置 IP 为 192.168.1.1，测试仪的端口 1 配置 IP 为 192.168.1.2。

(3) 交换机的端口 2 配置 IP 为 192.168.2.1，测试仪的端口 2 配置 IP 为 192.168.2.2。

(4) 以 192.168.2.2 为目的 IP，依次构造检测要求中规定的各种错误报文，由测试仪的端口 1 发送，查看测试仪的端口 2 的接收报文情况。

3.1.2.7 静态路由测试

静态路由，是指由用户或网络管理员手工配置的路由信息。当网络的拓扑结构或链路

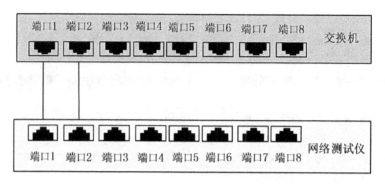

图 3.10　非法 IP 报文过滤功能检测连接图

状态发生变化时，网络管理员需要手工去修改路由表中相关的静态路由信息。静态路由信息在缺省情况下是私有的，不会传递给其他的路由器。当然，网管员也可以通过对路由器进行设置使之成为共享的。静态路由一般适用于比较简单的网络环境，在这样的环境中，网络管理员易于清楚地了解网络的拓扑结构，便于设置正确的路由信息。

　　下面结合图 3.11 的连接关系，对交换机静态路由的测试进行说明。

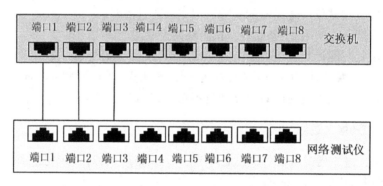

图 3.11　静态路由功能检测连接图

　　（1）按照图 3.11 接线，将测试仪的端口 1 与交换机的端口 1 相连、测试仪的端口 2 与交换机的端口 2 相连、测试仪的端口 3 与交换机的端口 3 相连。

　　（2）交换机的端口 1 配置 IP 为 192.168.1.1，测试仪的端口 1 配置 IP 为 192.168.1.2；交换机的端口 2 配置 IP 为 192.168.2.1，测试仪的端口 2 配置 IP 为 192.168.2.2；交换机的端口 3 配置 IP 为 192.168.3.1，测试仪的端口 3 配置 IP 为 192.168.3.2。

　　（3）测试仪的端口 1 发送目的 IP 为 192.168.4.100 的合法 IP 报文，观察测试仪的端口 2 和端口 3 的接收报文情况。

　　（4）配置交换机静态路由 192.168.4.0/16，指定下一条地址为 192.168.2.2。

　　（5）测试仪的端口 1 发送目的 IP 为 192.168.4.100 的合法 IP 报文，观察测试仪的端口 2 和端口 3 的接收报文情况。

（6）测试仪的端口 1 发送目的 IP 为 192.169.4.200 的合法 IP 报文，观察测试仪的端口 2 和端口 3 的接收报文情况。

3.1.2.8 RIP 动态路由协议测试

RIP 动态路由协议最初是为 Xerox 网络系统的 Xerox parc 通用协议而设计的，是 Internet 中常用的路由协议。RIP 采用距离向量算法，即路由器根据距离选择路由，所以也称为距离向量协议。路由器收集所有可到达目的地的不同路径，并且保存有关到达每个目的地的最少站点数的路径信息，除到达目的地的最佳路径外，任何其他信息均予以丢弃。同时路由器也把所收集的路由信息用 RIP 协议通知相邻的其他路由器。这样，正确的路由信息逐渐扩散到了全网。

下面对交换机 RIP 动态路由协议的测试进行说明。

（1）接线图参照图 3.11，将测试仪的端口 1~3 分别与交换机的端口 1-3 相连。

（2）交换机的端口 1 配置 IP 为 192.168.1.1/24，测试仪的端口 1 配置 IP 为 192.168.1.2；交换机的端口 2 配置 IP 为 192.168.2.1/24，测试仪的端口 2 配置 IP 为 192.168.2.2；交换机的端口 3 配置 IP 为 192.168.3.1/24，测试仪的端口 3 配置 IP 为 192.168.3.2。

（3）测试仪的端口 1 发送目的 IP 为 192.168.10.100 的合法 IP 报文，观察测试仪的端口 2 和端口 3 的接收报文情况。

（4）配置从测试仪的端口 2 以 RIP 方式通告路由 192.168.10.0/24。

（5）测试仪的端口 1 发送目的 IP 为 192.168.10.100 的合法 IP 报文，查看测试仪的端口 2 和端口 3 的接收报文情况。

3.1.2.9 三层报文 ACL 功能测试

三层报文 ACL 功能是交换机实现的一种数据包过滤机制，通过允许或者拒绝特定的数据包进出网络，可以对网络访问进行控制，有效保证网络的安全运行。ACL 是一个有序的语句集，每一条语句对应特定的规则。每条规则包含了过滤信息及匹配此规则时应采取的动作。规则包含的信息可以包括源 MAC、目的 MAC、源 IP、目的 IP、IP 协议号、TCP 端口等条件的有效组合。

下面对交换机三层报文 ACL 功能的测试进行说明。

（1）接线图参照图 3.10，将测试仪的端口 1 和端口 2 分别与交换机的端口 1 和端口 2 相连。

（2）交换机的端口 1 配置 IP 为 192.168.1.1，测试仪的端口 1 配置 IP 为 192.168.1.2；交换机的端口 2 配置 IP 为 192.168.2.1，测试仪的端口 2 配置 IP 为 192.168.2.2。

（3）在交换机上配置如下 ACL 规则（优先级从低至高）：丢弃目的 IP 为 192.168.2.100 的报文；丢弃源端口号为 80 的报文；允许源 IP 为 192.168.1.2，源端口为 80 的报文通过。

（4）测试仪的端口 1 配置并发生如下四条合法的 IP 流：①目的地址为 192.168.2.101，源 IP 为 192.168.1.100，源端口为 90 的报文；②目的地址为 192.168.2.100，源 IP 为 192.168.1.100，源端口为 90 的报文；③目的地址为 192.168.2.101，源 IP 为 192.168.1.100，源端口为 80 的报文；④目的地址为 192.168.2.100，源 IP 为 192.168.1.2，源端口为 80 的报文。

（5）查看测试仪的端口 2 的接收报文情况。

3.1.3　交换机单机测试实例

本节以某厂家 SNT3000 智能变电站网络测试仪在沙湖 750kV 变电站做的交换机测试实验为例作简单介绍。以下介绍交换机的基本性能测试。

3.1.3.1　测试目的

测试交换机的基本性能，包括交换机吞吐量、丢包率、时延及背靠背参数。

3.1.3.2　测试方法

根据装置的 VLAN 划分，设置参与测试的一对发送与接收端口（具有相同 VLAN ID 号），并连接好测试仪与交换机的光纤。如图 3.12 所示，以 8 口交换机为例，1 端口发，2 端口收，以标准帧长或按设定的帧长测试交换机的吞吐量、丢包率、时延及背靠背指标。点击开始试验，自动完成所有测试工作，试验结束后可查看试验结果及报告。

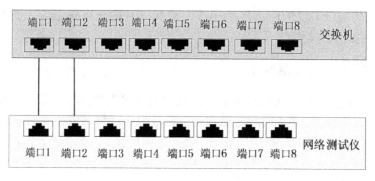

图 3.12　基本性能测试连接图

3.1.3.3　测试配置

因为交换机的吞吐量、丢包率、时延及背靠背的测试配置基本相似，所以下面只详细介绍吞吐量测试的测试配置，其他测试项的测试配置可参考吞吐量测试的测试配置。

吞吐量是指设备在不丢帧情况下所能达到的最大传输速率，测试方法一般采用二分法及步长递变法搜索测试，数据流可为单向或双向，建议吞吐量测试时间为 30s，一般要求交换机吞吐量能达到线速。

　　吞吐量测试的测试配置界面如图 3.13 所示，主要设置包括"测试时间"、"帧长设置"、"搜索方式"、"端口配置"等项目。

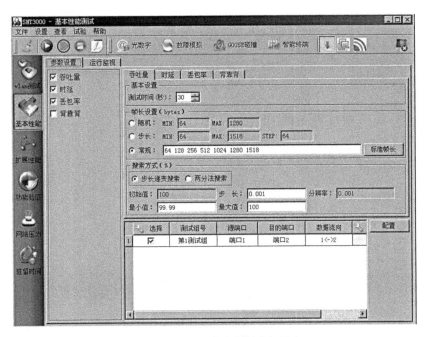

图 3.13　吞吐量测试的测试配置

　　"测试时间"：设置每一种帧长报文的测试时间，单位为 s，缺省为 30s。

　　"帧长设置"：设置测试的以太网报文帧的帧长度，单位为字节 bytes。提供三种帧长设置方式。

　　(1)"随机"方式：测试用的以太网报文帧长在设定的最小帧长(min)与设定的最大帧长(max)间随机产生。

　　(2)"步长"方式：设定最小帧长(min)、最大帧长(max)及步长(step)值，测试用以太网报文帧长以最小 min 值为起始值，按步长 step 值递增至最大 max 值。

　　(3)"常规"方式：可自由填写一组帧长，相互间以空格分开。在该模式下点击右侧"标准帧长"按钮，可将测试帧长设定为标准帧长，标准帧长固定为 64B、128B、256B、512B、1024B、1290B、1518B。

　　"搜索方式"：提供"步长递变搜索"与"两分法搜索"两种吞吐量测试搜索方式。

　　(1)步长递变搜索：设置测试报文流量的初始值、步长及最小值，单位为%。报文从初始流量按步长至最小报文流量递变。

　　(2)两分法搜索：设置搜索的报文流量的初始值、最小值、最大值、步长及分辨率。测试会在最小与最大测试报文流量间，从初始流量开始，按二分法原则进行搜索，直至搜索流量精度满足分辨率要求。

　　"端口配置"：点击页面中的"配置"按钮，弹出"端口配置"对话框，如图 3.14 所示。在该对话框中可配置吞吐量测试时的发送端口与接收端口，勾选 A 组端口中的一个端口及 B 组端口组的一个端口，构成一组测试端口，添加至右边测试组栏，可添加多个测试组。在测试栏中可设置数据流向为单向 A→B、B→A 或双向 A↔B。

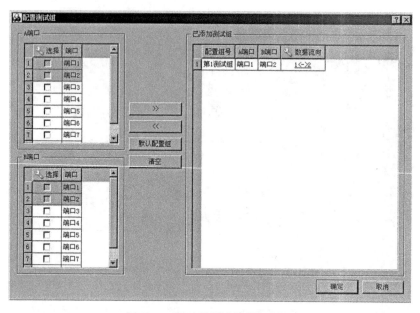

图 3.14　吞吐量测试的端口配置

　　根据以上介绍完成测试设置，然后按照图 3.12 接线，进行测试。测试完成后可点击工具栏中按钮查看测试结果，吞吐量的测试结果如图 3.15 所示。

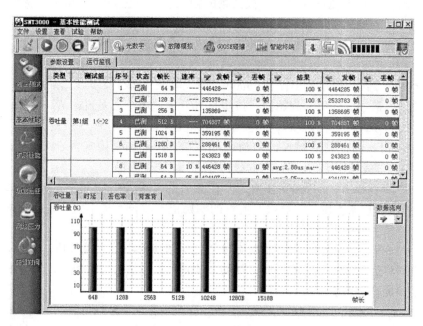

图 3.15　吞吐量测试结果显示图

丢包率的建议测试时间为 120s，对于交换机一般要求在各种标准帧长及满流量下的丢包率为 0%。丢包率测试的测试配置如图 3.16 所示。

图 3.16　丢包率测试的测试配置

时延测试测量交换机在有负载条件下转发数据包所需的时间，分为存储转发（store-and-forward，LIFO）及直通交换（cut-throught FIFO）两种模式，数据流可为单向或双向。对于存储转发模式下测得的任意一对端口的时延应小于 10μs，一般以平均值作为评定标准，建议时延的测试时间为 30s。时延测试的测试配置如图 3.17 所示。

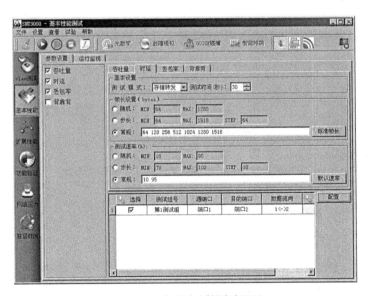

图 3.17　时延测试的测试配置

背靠背为设备在最小帧间隔情况下，一次能够转发的最多的长度固定的数据帧。当吞吐量为 100% 时，背靠背测试无意义。背靠背测试的测试配置如图 3.18 所示。

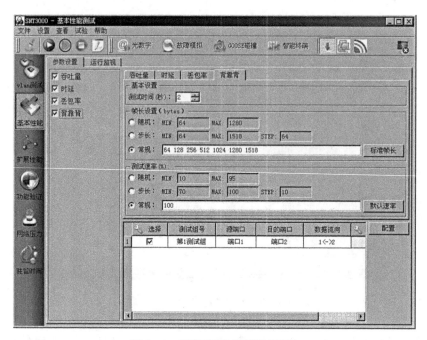

图 3.18　背靠背测试的测试配置

3.2　多级级联的性能与功能测试

3.2.1　交换机多级级联测试的影响因素

交换机单机功能和性能测试标准具有测试拓扑单一、包长固定、包类型单一、包间隔固定等局限性，相比于单机测试，交换机多级级联的性能与功能测试的影响因素较多，结合站内的情况，表 3.1 主要介绍报文类型、长度、帧间间隙以及网络流量等四种影响因素。

表 3.1　　　　　交换机多级级联的性能与功能测试主要影响因素

因素	说明
因素 1	报文类型
因素 2	报文长度
因素 3	帧间间隔
因素 4	网络流量

3.2.1.1　报文类型

智能变电站中，各个智能电子设备之间主要通过 SV、GOOSE、MMS 三种报文进行信息的相互交互。SV 报文主要是指采样值数据，它强调数据的连续性和实时性；GOOSE 报文主要是指开关量数据，它包含重要的网络跳闸及联闭锁信息；MMS 报文主要传输报告、测量量、文件、定值、控制等信息，报文传输时间要求不高。

3.2.1.2　报文长度

在 RFC 规定的性能测试中，测试所用的数据包采用固定的包长，固定为 64B、128B、256B、512B、1024B、1280B、1518B 中的一种或几种，而实际网络中通常存在大量不同包长的报文，特别是在智能变电站中，各种数据包包长的分布具有一定特征，表 3.2 为某站的网络数据包分析情况。

表 3.2　　　　　　　　　　智能变电站数据分析情况

数据包大小分布(B)	流量	数据包
≤64	7.438k	119
65~127	23.334k	249
128~255	6.753M	42986
256~511	8.225M	24594
512~1023	0	0
1024~1517	0	0
≥1518	0	0

3.2.1.3　帧间间隔

按照 RFC 规定，数据流的帧间间隙（在突发帧群 burst 中两帧之间的帧间隙）必须为被测试介质标准中指定的最小值（10 Mbit/s 以太网为 9.6 μs，100 Mbit/s 以太网为 960 μs，1 Gbit/s 以太网为 96 μs）。而在实际网络中通常数据流之间的帧间隔不固定，会对交换机的存储转发能力形成压力，数据流间隔的变化导致速率的不均匀，直接考验速率计量、限速等器件的准确性。

3.2.1.4　网络流量

基于 TCP/IP 协议的 MMS 报文，采用单播方式传输，流量不大但会有波动。过程层的 SV 和 GOOSE 报文都采用二层组播方式传输，GOOSE 流量通常很小，在发生故障时会突然增大，SV 流量非常大但很稳定，除非装置异常，不会突变。IEEE 1588 对时协议同样采用组播方式传输，流量小且不会发生突变。上述报文类型和流量特征如表 3.3 所示。

表 3.3　　　　　　　　　　　　　变电站报文类型及流量特征

比较项目	流量特征		
	MMS	GOOSE	SV
传输模式	单播	组播	组播
协议层次	三层	二层	二层
流量大小	一般	较小	很大
流量波动	一般	很大	无

3.2.2　交换机多级级联的性能与功能测试

在对不同的多级级联方式下的交换机性能与功能进行测试时，需要充分考虑报文类型、长度、帧间间隙以及网络流量影响因素，构造更趋实际的测试模型，搭建更加真实的智能站网络环境进行测试。图 3.1～图 3.3 为不同级联下的网络测试图。智能变电站多级级联的性能与功能测试主要测试内容为吞吐量、时延测试、网络压力测试。

交换机总线型网络、环网形网络、星形网络的性能与功能测试分别如图 3.19～图 3.21 所示，将图 3.19～图 3.21 中虚线框中的级联交换机当成一个黑盒。

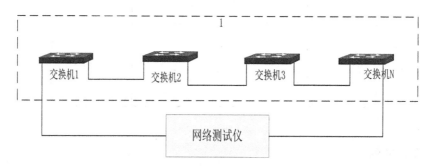

图 3.19　总线型网络测试图

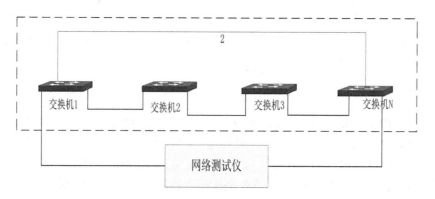

图 3.20　环网型网络测试图

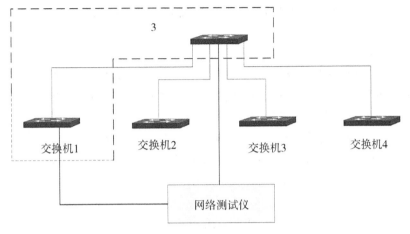

图 3.21　星型网络测试图

3.2.2.1　交换机多级级联下的时延测试

交换机多级级联下的时延测试主要是通过发送不同类型、不同帧长下的报文、混合报文，结合交换机的级联方式，测试在不同的环境下交换机的传输时间。整体思路将级联的交换机整体看作是一个黑盒，然后进行测试。下面结合交换机的多级级联方式介绍交换机时延的具体测试方法。

测试交换机多级级联下的延时前，需先进行网络测试仪的自环时延测试，测试系统如图 3.22 所示。

网络测试仪自环时延t_1

图 3.22　自环时延测试图

测试方法如下：

(1)按照图 3.22 所示搭建测试环境，分别将网络测试仪的两个端口与交换机的测试1、2 口相连，配置网络测试仪分别发送不同类型、不同帧长下的报文、混合报文；测得不经被测设备转发的网络测试仪自环固有时延 t_1。

(2)测试两台交换机的级联延时：配置网络测试仪的端口 1 向一台交换机的端口发送步骤(1)中的报文，再由网络测试仪的端口 2 接收另一台交换机的端口返回的传输报文；

测得报文经被测设备转发收到报文时延 t_2；从网络报文记录仪中提取被测设备发出的测试报文中时标域字段解析出对应的时间，即被测设备测得的转发延时 t_3，得到被测设备的驻留时延精度 $t=|t_3-(t_2-t_1)|$。

（3）多台交换机级联的延时测试：选择图 3.19~图 3.21 中的接线方式，将第一台交换机端口与网络测试仪的端口连接，将逻辑链路最末端的交换机端口与测试仪的另外一个端口连接；配置网络测试仪发送步骤（1）中的报文，测得报文经被测设备转发收到报文时延 t_4；从网络报文记录仪中提取被测设备发出的测试报文中时标域字段解析出对应的时间，即被测设备测得的转发延时 t_5；得到被测设备的驻留时延精度 $t=|t_5-(t_4-t_1)|$。

（4）使用百兆与百兆 n 台被测设备级联，选用图 3.19~图 3.21 中的接线方式，两端的被测设备的百兆光口重复（1）~（3）项试验，选用网络拓扑两端的被测设备的千兆光口重复（1）~（3）测试。

（5）使用千兆与千兆 n 台被测设备级联，选用图 3.19~图 3.21 中的接线方式，两端的被测设备的百兆光口重复（1）~（3）项试验，选用网络拓扑两端的被测设备的千兆光口重复（1）~（3）测试。

（6）如被测设备具备百兆光口和千兆光口对接，则应分别使用 n 台被测设备的百兆光口-千兆光口级联和千兆光口-百兆光口级联重复（1）~（3）项测试。

3.2.2.2　交换机多级级联下的吞吐量测试

交换机多级级联下的吞吐量测试主要是通过发送不同类型、不同帧长下的报文、混合报文，结合交换机的级联方式，测试在不同的环境下交换机在不丢帧情况下所能达到的最大传输速率。整体思路是将级联的交换机整体看作一个黑盒，然后进行测试。下面结合交换机的多级级联方式介绍交换机吞吐量的具体测试方法。

测试方法如下：

（1）测试两台交换机的级联吞吐量：配置测试仪的端口 1 分别发送不同类型、不同帧长下的报文及混合报文给交换机换机的端口，再由测试仪的端口 2 接收另一台交换机的端口返回的传输报文；如果发送的帧与接收的帧数量相等，提高发送速率并重新测试；如果接收帧少于发送帧则降低发送速率重新测试，直至得出最终结果。

（2）多台交换机级联的延时测试：选择图 3.19~图 3.21 中的接线方式，将第一台交换机端口与网络测试仪的端口连接，将逻辑链路最末端的交换机端口与测试仪的另外一个端口连接；配置网络测试仪分别发送不同类型、不同帧长下的报文及混合报文，如果发送的帧与接收的帧数量相等，提高发送速率并重新测试；如果接收帧少于发送帧则降低发送速率重新测试，直至得出最终结果。

3.2.2.3　交换机多级级联下的网络性能测试

交换机多级级联下的网络压力测试主要是通过发送非订阅或订阅的网络报文、设置不同的流量，结合智能变电站的网络架构，测试在不同的环境压力下对网络设备的性能影响。交换机的多级级联方式下的网络性能测试主要从过程层和站控层网络方式下开展测试。

1. 测试系统

将级联后的交换机形成的不同的组网方式整体看作是一个黑盒子。系统测试图如图
3.23 所示。

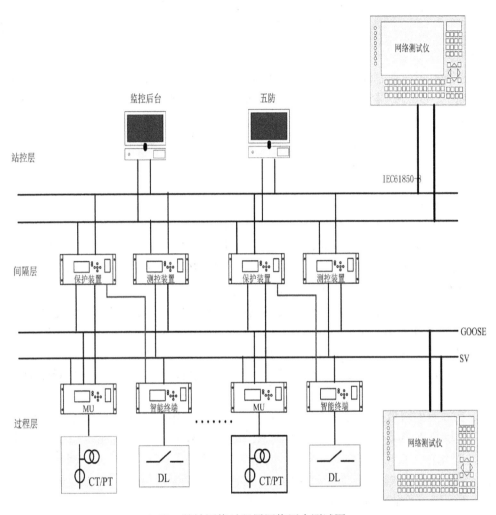

3.23 整站网络过程层网络压力测试图

2. 过程层网络压力测试

(1)对网络施加非订阅报文检测方法。

①检测方法。

在原有网络数据流量的基础上使用网络测试装置施加非订阅 GOOSE、SV、ARP 等类
型的报文,注入流量(100M-实测基础流量),网络压力持续时间不小于 2min。网络压力
持续过程中,模拟区内外故障及与各订阅 GOOSE 控制块报文相关的故障(如断路器失灵、
死区故障或手合断路器故障等),查看保护装置动作情况。加入的非订阅报文类型参考
表 3.4。

表 3.4　　　　　　　　　　　　　　　报 文 类 型

	MAC	APPID	测试流量指标
非订阅报文	订阅	非订阅	99M
ARP 广播报文			99M

② 检测要求。

保护装置不应受非订阅报文网络风暴影响，装置运行正常，不误动、不误发报文，不应出现死机、重启等异常现象，装置面板不应有异常告警。发生区内故障时，保护装置应能可靠动作；发生区外故障时，保护装置不应误动。保护装置应能正确接收点对点口及组网口订阅 GOOSE 控制块报文的状态变位或联闭锁信号并正确动作。

(2) 对网络施加订阅报文检测方法。

① 检测方法。

a. 在原有网络数据流量的基础上使用网络测试仪对保护装置单端口、双组网口、单组网口及单点对点口施加单个或多个订阅 GOOSE 报文(StNum 不变，SqNum 不变)，注入流量为 1M ～(100M-实测基础流量)，网络压力持续时间不小于 2min。网络压力持续过程中，模拟区内外故障及与各订阅 GOOSE 控制块报文相关的故障(如断路器失灵、死区故障或手合断路器故障等)，查看保护装置动作情况。

b. 在原有网络数据流量的基础上使用网络测试仪对保护装置点对点口施加单个订阅 SV 报文(SmpCnt 不变，报文内容不变)，注入流量为 1 M ～(100M-实测基础流量)，网络压力持续时间不小于 2min。网络压力持续过程中，模拟区内外故障及与各订阅 GOOSE 控制块报文相关的故障(如断路器失灵、死区故障或手合断路器故障等)，查看保护装置动作情况。

c. 在原有网络数据流量的基础上使用网络测试仪对保护装置单端口、双组网口、单组网口及单点对点口施加单个订阅 GOOSE 报文(StNum 不变，SqNum 递增，每控制块GOOSE 变化报文 0.833ms 发送 1 帧)，网络压力持续时间不小于 2min。网络压力持续过程中，模拟区内外故障及与各订阅 GOOSE 控制块报文相关的故障(如断路器失灵、死区故障或手合断路器故障等)，查看保护装置动作情况。

d. 在原有网络数据流量的基础上使用网络测试仪对保护装置单端口、双组网口、单组网口及单点对点口施加单个订阅 GOOSE 报文(StNum 递增，SqNum 为 0，每控制块GOOSE 变化报文 0.833ms 发送 1 帧)，网络压力持续时间不小于 2min。网络压力持续过程中，模拟区内外故障及与各订阅 GOOSE 控制块报文相关的故障(如断路器失灵、死区故障或手合断路器故障等)，查看保护装置动作情况。

e. 在原有网络数据流量的基础上使用网络测试仪对保护装置单端口、双组网口、单组网口及单点对点口同时施加多个订阅 GOOSE 报文(线路保护装置及变压器保护装置的控制块数量可为 6 个，母线保护装置的控制块数量可为 48 个，StNum 不变，SqNum 递增，每控制块 GOOSE 变化报文 1s 发送 1 帧，连续发送 10 次)。网络压力持续过程中，模拟区内外故障及与各订阅 GOOSE 控制块报文相关的故障(如断路器失灵、死区故障或手合断路器故障等），查看保护装置动作情况。

②检测要求。

保护装置不应受非订阅报文网络风暴影响，装置运行正常，不误动、不误发报文，不应出现死机、重启等异常现象，装置面板不应有异常告警。发生区内故障时，保护装置应能可靠动作；发生区外故障时，保护装置不应误动。保护装置应能正确接收点对点口及组网口其他订阅 GOOSE 控制块报文的状态变位或联闭锁信号并正确动作。

3. 站控层网络压力测试

（1）检测方法。

去除站控层交换机广播风暴抑制，在原有网络数据流量的基础上使用网络测试仪交换机端口注入广播报文（ARP、UDP、TCP），注入流量为 1M-（100M-实测基础流量）。网络压力持续过程中，模拟区内外故障及与各订阅 GOOSE 控制块报文相关的故障（如断路器失灵、死区故障或手合断路器故障等），查看保护装置动作情况。

（2）检测要求

保护装置不应受站控层广播报文网络风暴影响，装置运行正常，不误动、不误发报文，不应出现死机、重启等异常现象，装置面板不应有异常告警。发生区内故障时，保护装置应能可靠动作；发生区外故障时，保护装置不应误动。保护装置应能正确接收点对点口及组网口订阅 GOOSE 控制块报文的状态变位或联闭锁信号并正确动作。

第4章 智能变电站交换机运维

4.1 交换机日常巡视

智能变电站工业以太网交换机通常为 19 英寸 1U 机架式结构，整机采用六面全封闭结构，防护等级可以达到 IP40。机箱采用一体化无风扇散热方式，在降低整机功耗的同时也提高了设备的可靠性。随着智能变电站对网络交换要求的逐步提高，站内工业以太网交换机的接口性能也越来越高。

4.1.1 交换机接口巡视

SFP 千兆光纤/电接口一般用于上下级级联，光纤/电器件采用 SFP 热插拔器件，光纤接口采用 LC 接口，千兆电口采用 RJ45 接口。

对于 SFP 接口，在日常维及巡视过程中主要应保证 SFP 器件插入到位。热插过程中，应将豁口背向 PCB 板、插入 SFP 笼子中，听到"喀"的声音说明器件已经插到位；然后，将 SFP 的插拔拉手放置在与接口平行的位置即可保证该器件已插入到位。热拔过程中，应先将 SFP 的插拔拉手放置在与接口成 90° 的位置，注意此时的光器件与 SFP 笼子的挂接钩应该脱开；然后，才能将光器件从笼子里拉出。

4.1.2 交换机 LED 指示灯巡视

智能变电站工业以太网交换机在装置前面板设置了相应的 LED 指示灯，以便能够在未登陆的情况下及时了解交换机的系统运行状况和端口连接状态，确保运维巡视人员及时发现并解决设备故障。一般来讲，电力工业以太网交换机相应的 LED 指示灯指示状态如表 4.1 所示。

表 4.1

LED 类型	条件	状态
系统状态 LED		
RUN	闪亮 1Hz	交换机运行正常
	灭	交换机未启动
告警状态 LED		

续表

LED 类型	条件	状态
ALARM	亮	告警状态
	灭	交换机运行正常

电源状态 LED

POW1、2	亮	电源 1(2)输入正常
	灭	电源 1(2)输入异常

千兆光口状态 LED(光口 G1、G2、G3、G4)

DPX	亮	全双工连接
	灭	半双工连接
LINK	亮	端口已建立有效网络连接
	闪亮	端口有网络活动
	灭	端口未建立有效网络连接

百兆光口、以太网 RJ45 端口状态 LED

每个以太网 RJ45 端口拥有两个指示灯，黄灯为端口速率指示灯，绿灯为端口连接状态指示灯。

10M/100M(黄灯)	亮	100M 工作状态(即 100Base-TX)
	灭	10M 工作状态(即 10Base-T)
LINK/ACT	亮	端口已建立有效连接
	闪亮	端口有网络活动
	灭	端口未建立有效连接

4.1.3　交换机物理环境巡视

　　智能变电站工业以太网交换机一般放置于标准机柜中，在日常运行过程中，需要一个相对稳定合适的工作环境，包括电源输入是否可靠、周围空间是否充分考虑到日常运维的需求、是否安装牢固等。通常情况下，交换机所处的物理环境如下：

　　(1)电源环境：85~264VAC，85~370VDC，9~72VDC，请注意电源电压等级。

　　(2)环境要求：温度-40℃~85℃，相对湿度 0%~95%(无凝露)。

　　(3)接地电阻要求：小于5Ω。

　　(4)根据实际连接情况，检查光缆铺设是否到位，光纤接头是否合适。

　　(5)避免阳光直射，远离发热源或有强烈电磁干扰区域。

　　(6)设备应牢固安装在 19 英寸机架上。

　　(7)充分考虑设备连接实际情况，留有充裕的接线空间。

4.1.4　交换机验收及检验

　　智能变电站工业以太网交换机经过功能及性能检测后，通常在工程投入运行、设备检修过程中还应开展相应的检验工作，主要包括交换机设置检查、电源性能检查、散热性能检查、端口检查、功能验证测试等，如表 4.2 所示。

表 4.2　　　　　　　　　　　　**G2 以太网交换机基本检查**

序号	测试项目	要求	检查结果
1	外观检查	交换机设备正面(非出线端)应设置交换机品牌标志、型号名称，交换机前后均设有按端口序号排列的指示灯，背面接线端口应标明端口序号或名称，电源端子上方应标注接线说明	
2	散热方式检查	交换机应采用自然散热(无风扇)方式	
3	电源检查	检查待测交换机是否为两个独立供电的电源模块，在拉合电源开关的测试过程中，交换机应启动正常，不出现死机现象，不丢帧	
4	端口设置检查	检查交换机所有端口设置是否正确，设置端口传输速率限制为最大值、全双工传输、多播。对于级联口或者需要接收多个 VLAN 设备信息的端口应设置为 Trunk，其他端口类型设置为 Edge	
		检查每台交换机应预留有备用接口	
5	组网方式检查	GOOSE 网应采用星形网络	
		过程层 SV 网络、过程层 GOOSE 网络、站控层网络应完全独立配置，过程层 SV 网络、过程层 GOOSE 网络宜按电压等级分别组网	
		变压器保护接入不同电压等级的过程层 GOOSE 网时，应采用相互独立的数据接口控制器	
		继电保护装置采用双重化配置时，对应的过程层网络亦应双重化配置，第一套保护接入 A 网，第二套保护接入 B 网	
		对于需要采集多个间隔信息的设备，应该接入相应电压等级的中心交换机	
		每台交换机的光纤接入数量不宜超过 16 对，并配备适量的备用端口	
		任意两台智能电子设备之间的数据传输路由不应超过 4 个交换机。当采用级联方式时，不应丢失数据	

序号	测试项目	要求	检查结果
6	端口性能检查	GOOSE/SV 网交换机光口发光器件采用 1310nm 波长，发光功率大于−14dBm，光纤接口类型选用 ST 型；作为接受器件时，接受灵敏度应不大于−25dBm。MMS 网交换机采用 RJ45 接口	
7	VLAN 功能测试	检查交换机 VLAN 设置是否与全站设备 VLAN 划分配置表一致	
		设置好交换机端口 VLAN，记录 VLAN 编号，分别为不同 VLAN 区加入不同报文，检查各 VLAN 区内报文差异，确定交换机 VLAN 功能是否正常	
8	端口镜像功能测试	设置好交换机镜像端口及端口参数、VLAN 等，连接交换机和网络测试仪端口，利用网络测试仪为其中一个或多个端口发送报文，抓取设置好的镜像端口报文，检查所抓取报文与网络测试仪报文是否一致	
9	状态上送功能	以太网交换机应具备完善的自诊断功能，能以报文方式将自检信息输出，可与变电站监控系统(公用测控)或报文记录分析装置接口	
10	告警信号上送	硬接点至公用测控或间隔测控装置	

4.2 交换机在线监视技术

智能变电站自动化系统中的一个重要特征是以网络为中心，而在智能变电站中，交换机是网络中信息传输的一种重要通信枢纽设备，其安全性、可靠性将影响到与交换机连接的多个保护设备正常运行，开展交换机性能及网络实时在线监测将有助于帮助发现运行中的潜在缺陷，并及时采取正确的处理措施。

在数字化以及智能变电站出现之前，电力行业对于交换机的监视一直处于空白状态。随着通信技术和微电子技术的高速发展，变电站的智能化已经成为变电站发展的必然趋势。而在智能变电站中，以交换机为主要核心的通信网络对变电站的运维可靠性起着至关重要的作用，不仅间隔层和站控层之间采用的是基于以太网的 IEC 61850 协议通信，而且间隔层和过程层之间也取消了传统变电站的二次电缆，通过交换机网络进行保护跳闸命令、开关信号、采样值信息等的传输。

目前交换机的在线监视存在以下问题：

(1)IP 冲突。针对网络运行中出现因非法盗用而造成冲突的现象，曾采用了一些技术对用户进行动态跟踪。但是，由于用户在线的机动性和单机加载防火墙系统，使得该技术难以为继，迫切需要采用新的技术定位非法用户的 IP 以及 MAC。

（2）用户的动态监管。目前，办公网络用户管理和网络设备管理各自独立，以人工方式进行。当出现用户未申报 IP、私自更改 IP 或更换网络接口而上网时，由于缺乏动态监管手段，难以及时发现与处理，迫切需要建立 IP、MAC、设备名称和交换机端口四位一体绑定的动态监管体系。

（3）交换机的动态监测。对于交换机的运行状态、端口使用情况和效能的监测，目前只能采用专用网管软件以人工方式进行，而且这些软件应用范围只针对单套设备，缺乏自动化、全时段、全网段的监测能力，缺乏对全网络的运行状况及效能分析的评估分析能力。

（4）网络故障检测预警。目前，办公网络故障监测和排除需要人工发现与定位，自动化程度低，事前难以知晓，缺少网络故障预警机制，急需在此方面从技术上加以突破。

针对上述问题，通信领域对以太网交换机监视的方式主要采用 SNMP（简单网络管理协议）和 RMON（远端网络监控）。这两种方式都是采用 SNMP 协议进行数据传输，通过 NSM（网络管理系统）管理站对交换机进行信息监视和管理。但在智能变电站中，采用 SNMP 协议监视以太网交换机会使变电站内同时存在两套通信系统，与智能变电站内所有设备统一采用 IEC 61850 协议进行无缝连接和互操作的初衷相违背，所以不是最佳选择。采用 IEC 61850 协议对交换机进行在线监视有着广阔的应用前景。

4.2.1　交换机在线监视协议介绍

4.2.1.1　交换机网络管理协议

目前，交换机一般都支持简单网络管理协议（simple network management protocol，SNMP）。通过 SNMP，对交换机运行状态进行监视的监测主机可以获取交换机的运行信息，在此基础上由监测主机进行分析判断，对交换机运行状态变化和交换机运行故障进行告警，以便变电站运行维护人员及时对交换机进行维护和检修，保障变电站的生产安全。

变电站自动化系统结构由三层两网组成，三层包括站控层、间隔层和过程层，两网包括过程层网络和站控层网络。由于在变电站自动化系统中，不允许过程层网络的数据和信息串流到站控层网络，因此处在站控层网络的监测主机无法通过 SNMP 对过程层网络中的交换机直接进行访问。通过 SNMP 可以获取每台交换机的邻里信息表，根据交换机的邻里信息表，可以分析出网络上交换机之间的连接关系，生成交换机网络拓扑图，分析出交换机之间的邻里关系是否发生了变化。

1. SNMP 基本内容

SNMP 是被广泛接受并投入使用的工业标准，其目标是保证管理信息在任意两点中传送，便于网络管理员在网络的任何节点检索信息，进行修改，寻找故障，完成故障诊断以及生成报告。采用轮询机制，提供最基本的功能，最适合小型、快速、低价格的环境使用，且只要求不可靠的传输层协议即用户数据报协议（user datagram protocol，UDP）。

网络管理工作站（network management station，NMS）对网络设备发送各种查询报文，并使用162端口接收来自被管设备的响应及陷阱(Trap)报文,将结果显示出来。代理(Agent)是驻留在被管设备上的一个进程,使用161端口接收,处理来自NMS的请求报文,然后从设备上其他协议模块中取得管理变量的数值,形成响应报文,发送给NMS。在一些紧急情况下,如接口状态发生改变、呼叫成功等,主动通知NMS(发送陷阱报文)。网络管理工作站和代理的关系如图4.1所示。

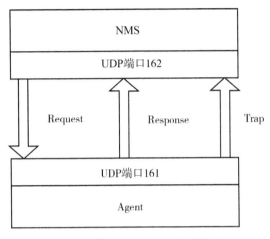

图4.1 网络管理工作站和代理的关系

2.SNMP 处理流程

(1)接收方处理流程。

驻留在被管设备上的代理从 UDP 端口 161 接收来自网管站的串行化报文,经解码、团体名验证、分析得到管理变量在管理信息库(management information base,MIB)树中对应的节点,从相应的模块中得到管理变量的值,再形成响应报文,编码发送回网管站。具体流程如下。

① 对接收报文进行初步分析,按抽象语法标(abstract syntax notation one,ASN.1)报文对象建立 ASN.1 对象,解码依据 ASN.1 的基本编码规则,如果在此过程中出现错误,导致解码失败,则丢弃该报文,不做进一步处理。

② 将报文中的版本号取出,如果与本代理支持的 SNMP 版本不一致,则丢弃该报文,不做进一步处理。

③ 将报文中的团体名取出,此团体名由发出请求的网管站设置。如与本设备认可的团体名不符,则丢弃该报文,不做进一步处理,同时产生一个陷阱报文。

④ 从通过验证的 ASN.1 对象中提取出协议数据单元(protocol data unit,PDU),如果失败,则丢弃报文,不做进一步处理。否则处理 PDU,结果将产生一个响应报文,该报文的发送目的地址应同收到报文的源地址一致。

(2)发送方处理流程。

① 构造适合的 PDU 作为 ASN.1 对象(如 GetRequest PDU)。

② 使用团体名和结果 ASN.1 对象(如对变量绑定值的赋值等)构造一个 ASN.1 报文

对象。

③ 利用 ASN. 1 基本编码规则(basic encoding rules, BER)使新的 ASN. 1 报文对象串行化, 再使用传输层服务送至同层协议实体。

(3)SNMP 报文操作。

SNMP 的报文操作包括以下 8 种。

① GetRequest 操作: 从代理进程处提取一个或多个参数值。

② GetNextRequest 操作: 从代理进程处提取紧跟当前参数值的下一个参数值。

③ SetRequest 操作: 设置代理进程的一个或多个参数值。

④ GetResponse 操作: 返回的一个或多个参数值。这个操作由代理进程发出, 是前面 3 种操作的响应操作。

⑤ Trap 操作: 代理进程主动向网络管理工作站进程发出报文, 通知管理进程有某些情况发生。

⑥ GetBulkRequest 操作: 被网络管理系统有效地重新取得大块的数据, 例如表中的多行。GetBulkRequest 填充一个合适的并足够多的被请求的响应报文。

⑦ InformRequest 操作: 允许一个网络管理系统发送陷阱报文到另一个网络管理系统。

⑧ Report 操作: 该报文的具体用法和语法未设置, 任何 SNMP 管理框架在使用它时需要额外自行定义。

4.2.1.2　基于 IEC 61850 标准的交换机信息模型

以前 MMS 在电力系统远动通信协议中并无应用, 但近来情况有所变化。国际电工技术委员会推出的 IEC 60870-6 系列标准定义了 EMS 和 SCADA 等电力控制中心之间的通信协议, 该协议采用面向对象建模技术, 其底层直接映射到 MMS 上。后来制定的 IEC 61850 标准是关于变电站自动化系统计算机通信网络和系统的标准, 它采用分层、面向对象建模等多种新技术, 其底层也直接映射到 MMS 上。可见 MMS 在电力系统远动通信协议中的应用将越来越广泛。

为了最大限度地实现互操作性, 在 MMS 中引入了虚拟制造设备 VMD(virtual manufacturing device)的概念。它是实际设备的外部可见行为的抽象模型, 表征了各种不同的 IED 所共同具有的外部可见特性。完整意义上的 VMD 是实际制造设备上一组特定的资源和功能的抽象表示与实际制造设备的物理及功能方面的映射。它规定了从外部 MMS 客户角度看到的 MMS 设备(即 MMS 服务器的外部可见行为)。当正确建立了 VMD 与实际设备之间的映射关系后, 远程控制器与实际设备之间的通信就可以在不考虑实际设备的具体物理特性的条件下进行, 作为客户一方的远程控制器可直接对服务器一方的 VMD 进行操作, 从而达到对 VMD 所对应的实际设备进行控制的目的, 实现控制设备的无关性。

实际设备及包含于其中的对象和 VMD 模型定义的虚拟设备及对象之间存在差异。实际设备和对象具有自身密切相关的特性, 不同设备的特性各不相同。虚拟设备和对象遵从 VMD 模型, 独立于厂家、语言和操作系统。每一个 MMS 服务器设备或服务器应用的开发者必须通过提供一个执行功能, "隐藏"这些实际设备和对象的细节。在应用设备通信时, 执行功能将实际设备和对象映射为 VMD 模型定义的虚拟设备和对象。

执行功能提供 MMS 定义的虚拟对象和实际设备使用的对象之间的映射。对于包含在 VMD 中的应用和对象，只有当执行功能为这些对象和应用提供映射时，这些应用和对象才能被远端 MMS 客户所访问，而本地用户应用访问和操纵这些实际对象无须使用 MMS。

由于 MMS 用户只是与虚拟设备和对象交互，因此用户应用与实际设备和应用的细节相隔离，恰当设计的 MMS 用户应用能够以同样的方式与很多不同厂家和类型的设备通信。这是因为实际设备和对象的细节被 VMD 中的执行功能所隐藏。描述服务器行为的虚拟方法并不限制设备创新和产品特性改进。MMS 虚拟制造设备模型只对虚拟设备和对象的网络可见方面加以限制。

对象和服务是 MMS 协议中最主要的两类概念。其中"对象"是静态的概念，它是以一定的数据结构关系间接体现了实际设备各个部分的状态以及功能等方面的属性。VMD 本身被看作一个对象，此外还定义了其他一些从属于 VMD 的对象。每个 MMS 应用都必须包含至少一个 VMD 对象，VMD 在整个 MMS 的对象结构中处于"根"的位置。其他对象都包含于 VMD 对象中而成为它的子对象，有些类型的对象还可包含于其他子对象中而成为更深层的子对象。MMS 中的"服务"是动态的概念。MMS 通信中通常由一方发出服务请求，由另一方根据服务请求的内容来完成相应的操作，而服务本身则定义了 MMS 所能支持的各种通信控制操作。在 MMS 协议中定义了多种类型的服务，涵盖了包含定义对象、执行程序、读取状态、设置参数等多种类型的操作。这些服务按其应答方式可分为证实型服务和非证实型服务两大类，证实型服务要求服务的发起方在发出服务请求后就可以认为服务结束。在 MMS 中绝大多数服务类型都是证实型服务，而非证实型服务则仅包含报告状态等几种对设备运行不起关键作用的服务类型。

4.2.2 交换机在线监视信息的采集及处理

4.2.2.1 交换机状态监测系统构成

智能变电站交换机状态监测包括对站控层网络交换机的状态监测和对过程层网络交换机的状态监测。

1. 站控层网络交换机状态监测

站控层网络由双网组成，包括站控层 A 网和站控层 B 网，站控层交换机状态监测组成如图 4.2 所示。

由监测主机向站控层 A 网和 B 网的交换机分别发送查询报文；交换机回应相应结果报文到监测主机，由监测主机对报文进行分析和处理。

2. 过程层网络交换机状态监测

过程层网络包括面向通用对象的变电站事件(generic object oriented substation event, GOOSE)网和采样值(sampled value, SV)网，2 个网均为双网结构，即由 GOOSE A 网、GOOSE B 网、SV A 网、SV B 网组成，过程层交换机状态监测组成如图 4.3 所示。

4.2.2.2 交换机状态监视信息

通过 SNMP 或者 MMS 可以从交换机获取到交换机的各种信息，其中与交换机运行状

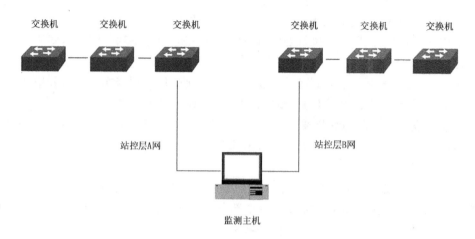

图 4.2　站控层交换机状态监测组成

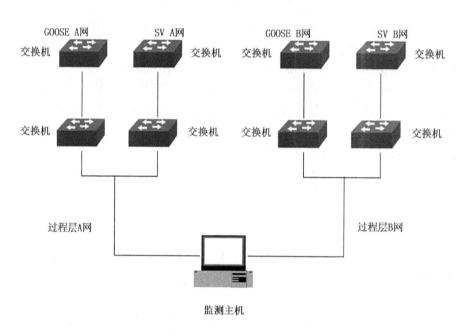

图 4.3　过程层交换机状态监测组成

态有关的信息包括交换机的基本信息、环境信息、邻里关系信息及端口信息。见表 4.3。

　　监测主机在获取上述交换机的状态信息后，会进一步进行分析和处理，主要包括以下方面。

　　(1)状态变化告警：如端口运行状态(up/down)等发生变化时，自动产生告警信息。

　　(2)越限告警：如 CPU 利用率、CPU 温度等超过设定限值时，自动产生告警信息。

　　(3)变化率计算：如对 CPU 利用率、内存利用率、端口报文等参数的变化率进行计算，如果变化率过高，则可能有隐性故障存在，自动生成告警信息。

　　(4)统计计算：如对丢弃报文数、错误报文数、端口接收和发送报文数按每小时进行统计，并对统计结果进行比较，统计数据有较大偏差时自动产生告警信息。

（5）网络拓扑分析：根据交换机邻里关系信息，分析交换机之间的连接关系。当交换机的连接关系发生变化时自动产生告警信息。

表 4.3 　　　　　　　　　　　　**交换机运行状态信息**

信息名称	内容
基本信息	设备名称
	设备软/硬件版本
	公司名称
	公司地址
	公司电话
	公司传真
环境信息	CPU 利用率
	CPU 利用率峰值/均值
	CPU 温度
	内存利用率
	内存利用率峰值
邻里关系信息	端口索引
	端口描述
	转发端口对应地址转发表中目的 MAC 地址
端口信息	端口序号/描述/类型/速率
	最大传输单元
	物理地址
	期望状态
	端口运行状态（up/down）
	端口最近一次更新状态的时间
	发送/接收的字节总数
	发送/接收的单播报文数
	发送/接收的非单播报文数
	丢弃报文数
	错误报文数
	未知而丢弃的报文数
	输出报文队列长度

4.2.2.3　采集信息

上述需要监测的信息位于交换机信息库 MIB 中，通过仔细分析 MIB 的数据存储结构，发现变电站交换机性能监测的信息主要分布在：端口通信变量、系统信息变量、内部状态变量及故障异常变量等部分。

（1）端口通信信息。位于交换机 MIB 库的 Interfaces 子节点下 ifTable 的表对象中，对象标识 OID 为 1.3.6.1.2.1.2，这部分包含：端口一般信息，如标记 ifIndex、描述 ifDescr、类型 ifType、速率 ifSpeed；端口状态信息，如端口管理状态 up 或 down，端口工作状态 linkup 或 linkdown；端口流量信息，如输入和输出流量的累计数据。

（2）系统信息。位于交换机 MIB 库中的 System 子节点下，OID 为 1.3.6.1.2.1.1，这部分含有：交换机描述、交换机 ID、交换机上电时间等信息。例如根据上电时间可发现交换机是否有宕机或失电现象。

（3）内部状态信息。位于 MIB 库中的 private.enterprises 子节点下，OID 为 1.3.6.1.4.1，这部分为厂家私有 MIB 信息。需要关注的部分内部信息有：交换机系统时间、程序版本、电源状态，交换机温度、CPU 负荷率、风扇工作状态等信息。由于是设备的内部专有信息，需通过厂商的技术资料才能进行解读。

（4）故障异常信息。交换机的故障异常信息一般通过 SNMP 或者 MM 协议发给管理主机，协议中描述部分故障异常信息有：交换机重启、端口通信中断与恢复及交换机自定义故障异常事件。

4.2.2.4　通信数据处理

前述端口通信信息为统计数据，需要处理才可以获得网络性能的指标信息。如通过 2 次轮询的数据除以轮询间隔时间，则可得到一段时间的流量信息。与网络通信相关的统计指标有：

（1）端口流量。以 2 次采集的输入/出字节数之差反映一段时间内端口流量：

$$输入流量 = \Delta B_{in} / \Delta T \tag{4-1}$$

$$输出流量 = \Delta B_{out} / \Delta T \tag{4-2}$$

$$总流量 = (\Delta B_{in} + \Delta B_{out}) / \Delta T \tag{4-3}$$

式（4-1）~式（4-3）中：ΔB_{in} 为 2 次输入字节数差值；ΔB_{out} 为 2 次输出字节数差值；ΔT 为采集间隔时间。

（2）端口带宽占用率。以端口速率和流量获得一段时间带宽占用率：

$$占用率 = (\Delta B_{in} \times 8 + \Delta B_{out} \times 8) / (S_{pt} \times \Delta T) \times 100\% \tag{4-4}$$

式中：S_{pt} 为端口速率。

（3）端口通信包数。反应一段时间内的数据包数：

$$\Delta P_{in} = P_{iu} + \Delta P_{inu} \tag{4-5}$$

式中：ΔP_{in}，ΔP_{iu}，ΔP_{inu} 为输入包数、输入单播包数、输入非单播包数，同样可获得输出包数。

（4）端口错误率。反应一段时间内数据包的出错率：

$$R_{\text{ie}} = \Delta E_{\text{in}} / (\Delta P_{\text{in}} + \Delta E_{\text{in}}) \times 100\% \qquad (4\text{-}6)$$

式中：ΔE_{in} 为输入错误包，同样可获得输出错误率。

（5）端口丢包率。反应一段时间内数据包的丢包率：

$$R_{\text{id}} = \Delta D_{\text{in}} / (\Delta P_{\text{in}} + \Delta D_{\text{in}}) \times 100\% \qquad (4\text{-}7)$$

式中：ΔD_{in} 为输入丢包数，同样可获得输出丢包率。

4.2.2.5　交换机信息处理

根据采集的交换机信息及设定的异常阈值处理判断硬件设备的异常，如电源异常、温度高异常、CPU 利用率、内存占用率高异常等指标信息均是交换机设备异常的反映。采集获取交换机的上电时间是自上电后运行至当前时间的累计，不能直观反应上电时刻。它可通过下式获得：

$$T_{\text{up}} = T_{\text{dev}} - T_{\text{sec}} \qquad (4\text{-}8)$$

式中：T_{up} 为上电时间；T_{dev} 为交换机时间；T_{sec} 为交换机上电的时间（s）。

交换机端口变位时间是相对系统启动时间的 10ms 数据，通过下式获得端口连断时间：

$$T_{\text{pt}} = T_{\text{up}} - T_{\text{lc}} \qquad (4\text{-}9)$$

式中：T_{pt} 为端口连断时间；T_{lc} 为端口变位时间。

如交换机时间与当前时间相差较大，则应以当前时间作依据，否则无法准确获知端口变位时刻。

4.2.2.6　信息处理及告警上传

整站交换机的监测信息量已不少，如不筛选信息来上传，过多的告警将使运行人员判别处理困难，难以区分真实的异常。应用采集到的数据进一步处理，以设备告警信息、设定阈值越限来判定是否产生网络异常或故障，通过分析定位故障发生的环节，以状态信息或告警事件向管理人员或变电站监控系统发送，提醒运行人员采取主动的处理措施。由交换机在线监测系统（或监控软件）筛选处理后需上传的信息如表 4.4 所示。

表 4.4　　　　　　　　　　　　　交换机监控上传信息

信号	信号意义
交换机重启	交换机产生重启事件
交换机设备异常总告警	CPU 负荷率高、内存利用率高、温度高、电源异常等告警
端口通信断链总告警	所有正常连接的端口发生断链时告警
端口通信异常总告警	端口占用率高、流量突变、连接后超时无数据、端口通信异常
交换机连接端口数	交换机当前有连接的端口数，如有设备断开，该信号发生变化

4.2.2.7　采用 MMS 协议监视交换机的优势

相比于采用传统的 SNMP 协议对交换机进行在线监视，采用 MMS 协议对交换机进行在线监视有以下优势：

（1）保证全站通信协议的统一性，符合智能变电站的设计理念。如果应用 SNMP 协议，将导致智能变电站监控网内同时出现两种通信协议，两套监控系统，不符合"一个世界，一种技术，一种标准"的理念。

（2）可以方便地在后台机上对交换机、保护、测控等设备共同进行监控，符合电力系统操作习惯，方便用户使用。如果应用 SNMP 协议，需要设立单独的 NSM 服务器作为监控设备，增大投资，且用户需要同时监控两套系统，不便于使用。

（3）组网方式上较采用 SNMP 协议有所简化。只需将过程层每个物理网连接至后台机独立网卡，不需要连接 NSM 服务器。

4.2.3　交换机在线监视的应用

某 110 kV 智能变电站现场实现了交换机的在线监测，在运行过程中，共对站控层 3 台交换机和过程层 2 台交换机实现了监测，以下做简单介绍。

对交换机进行在线监视，首先要对交换机进行建模，建模内容参照第 2.5 章节"智能变电站以太网交换机建模技术"，建模完成后，交换机通过站控层网络连接后台监控系统，以 MMS 报文方式将交换机设置的参数、统计的端口流量和告警信息上传给后台，最终实现对交换机的在线监视。

交换机完成建模后的实例化图如图 4.4 所示。运维人员可以通过监控后台实时获取交换机各端口状态。

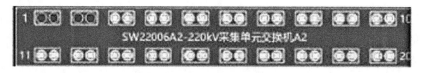

深色表示异常，浅色表示正常

图 4.4　交换机模型图

在运行过程中，交换机各端口收发报文字节数、帧数等信息如图 4.5 所示。实时监视各端口信息，按每小时进行统计，并对统计结果进行比较，统计数据有较大偏差时自动产生告警信息。

交换机装置参数信息如图 4.6 所示。

交换机状态变化告警如电源失电告警、装置总告警、配置文件错误告警、端口连接中断告警等信息如图 4.7 所示。交换机的越限告警如 CPU 利用率、CPU 温度、板卡电压、板卡温度等信息如图 4.8 所示。根据采集的交换机信息与设定的异常阈值做比对，一旦超过设定的异常阈值，则自动产生告警信息，判断硬件设备异常。

交换机的光功率监视如图 4.9 所示。主要是对交换机各端口的发送、接收光强以及各端口的发送、接收光强越上限和越下限进行监视，一旦端口发送光强或者接收光强出现异常，则可能有隐性故障存在，自动生成告警信息。

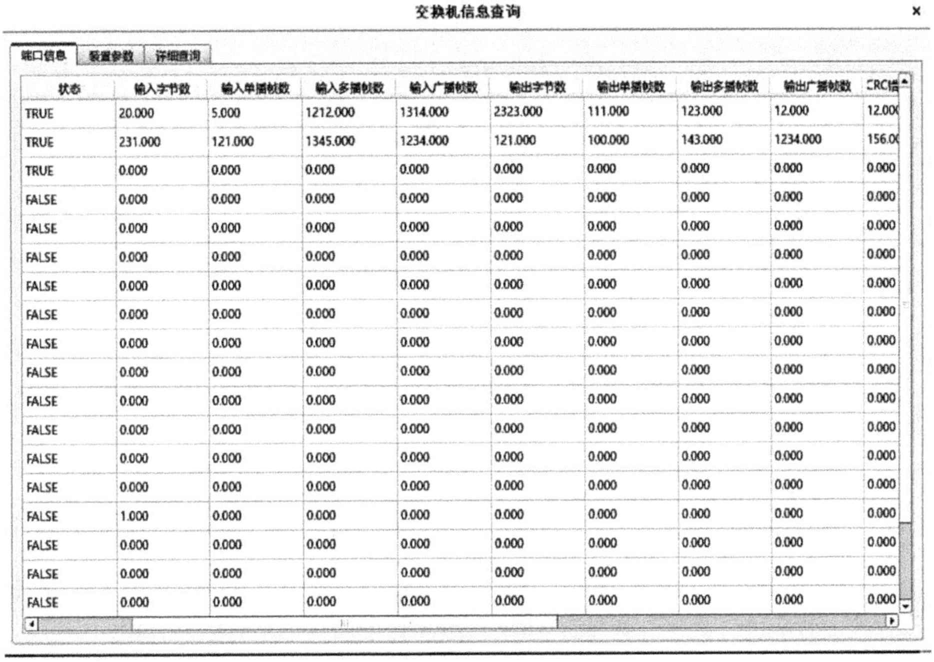

交换机信息查询 ×

端口信息 装置参数 详细查询

状态	输入字节数	输入单播帧数	输入多播帧数	输入广播帧数	输出字节数	输出单播帧数	输出多播帧数	输出广播帧数	CRC错
TRUE	20.000	5.000	1212.000	1314.000	2323.000	111.000	123.000	12.000	12.00
TRUE	231.000	121.000	1345.000	1234.000	121.000	100.000	143.000	1234.000	156.0
TRUE	0.000	0.000	0.000	0.000	0.000	0.000	0.000	0.000	0.000
FALSE	0.000	0.000	0.000	0.000	0.000	0.000	0.000	0.000	0.000
FALSE	0.000	0.000	0.000	0.000	0.000	0.000	0.000	0.000	0.000
FALSE	0.000	0.000	0.000	0.000	0.000	0.000	0.000	0.000	0.000
FALSE	0.000	0.000	0.000	0.000	0.000	0.000	0.000	0.000	0.000
FALSE	0.000	0.000	0.000	0.000	0.000	0.000	0.000	0.000	0.000
FALSE	0.000	0.000	0.000	0.000	0.000	0.000	0.000	0.000	0.000
FALSE	0.000	0.000	0.000	0.000	0.000	0.000	0.000	0.000	0.000
FALSE	0.000	0.000	0.000	0.000	0.000	0.000	0.000	0.000	0.000
FALSE	0.000	0.000	0.000	0.000	0.000	0.000	0.000	0.000	0.000
FALSE	0.000	0.000	0.000	0.000	0.000	0.000	0.000	0.000	0.000
FALSE	0.000	0.000	0.000	0.000	0.000	0.000	0.000	0.000	0.000
FALSE	1.000	0.000	0.000	0.000	0.000	0.000	0.000	0.000	0.000
FALSE	0.000	0.000	0.000	0.000	0.000	0.000	0.000	0.000	0.000
FALSE	0.000	0.000	0.000	0.000	0.000	0.000	0.000	0.000	0.000
FALSE	0.000	0.000	0.000	0.000	0.000	0.000	0.000	0.000	0.000

图 4.5　端口信息图

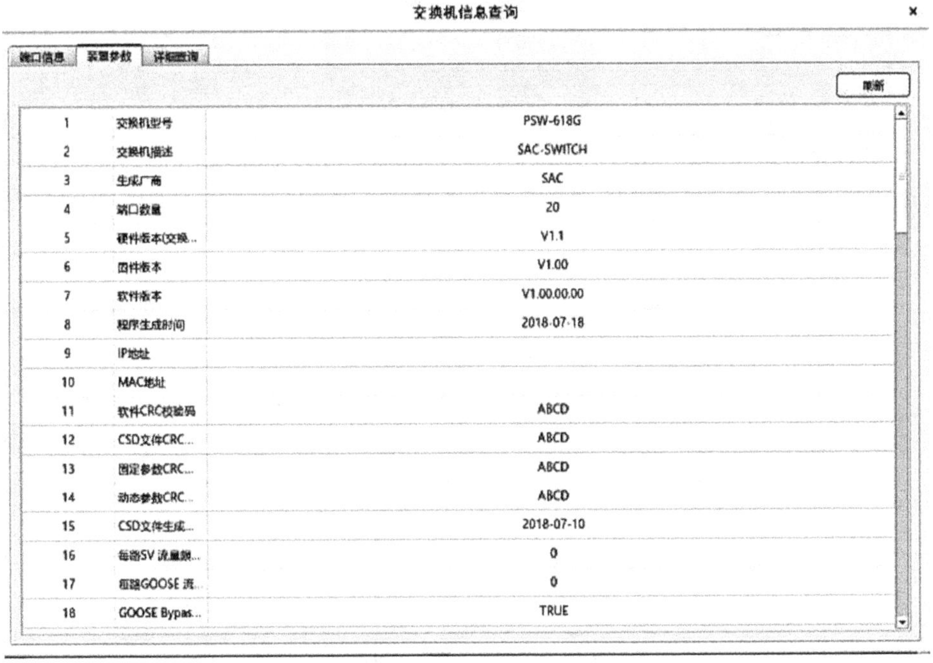

交换机信息查询 ×

端口信息 装置参数 详细查询

刷新

1	交换机型号	PSW-618G
2	交换机描述	SAC-SWITCH
3	生成厂商	SAC
4	端口数量	20
5	硬件版本(交换...	V1.1
6	固件版本	V1.00
7	软件版本	V1.00.00.00
8	程序生成时间	2018-07-18
9	IP地址	
10	MAC地址	
11	软件CRC校验码	ABCD
12	CSD文件CRC...	ABCD
13	固定参数CRC...	ABCD
14	动态参数CRC...	ABCD
15	CSD文件生成...	2018-07-10
16	每路SV 流量阈...	0
17	每路GOOSE 流...	0
18	GOOSE Bypas...	TRUE

图 4.6　装置参数信息

交换机信息查询　　　　　　　　　　　　　×

| 端口信息 | 装置参数 | 详细查询 |

SWI/dsDin

刷新

序号	监视项目	监视值
1	电源1失电	TRUE
2	电源2失电	FALSE
3	装置总告警	FALSE
4	配置文件错误...	FALSE
5	端口1链接中断...	TRUE
6	端口1 SFP模块...	TRUE
7	端口2链接中断...	TRUE
8	端口2 SFP模块...	FALSE
9	端口3链接中断...	FALSE
10	端口3 SFP模块...	FALSE
11	端口4链接中断...	FALSE
12	端口4 SFP模块...	FALSE
13	端口5链接中断...	FALSE
14	端口5 SFP模块...	FALSE
15	端口6链接中断...	FALSE
16	端口6 SFP模块...	FALSE
17	端口7链接中断...	FALSE

图 4.7　交换机的遥信量

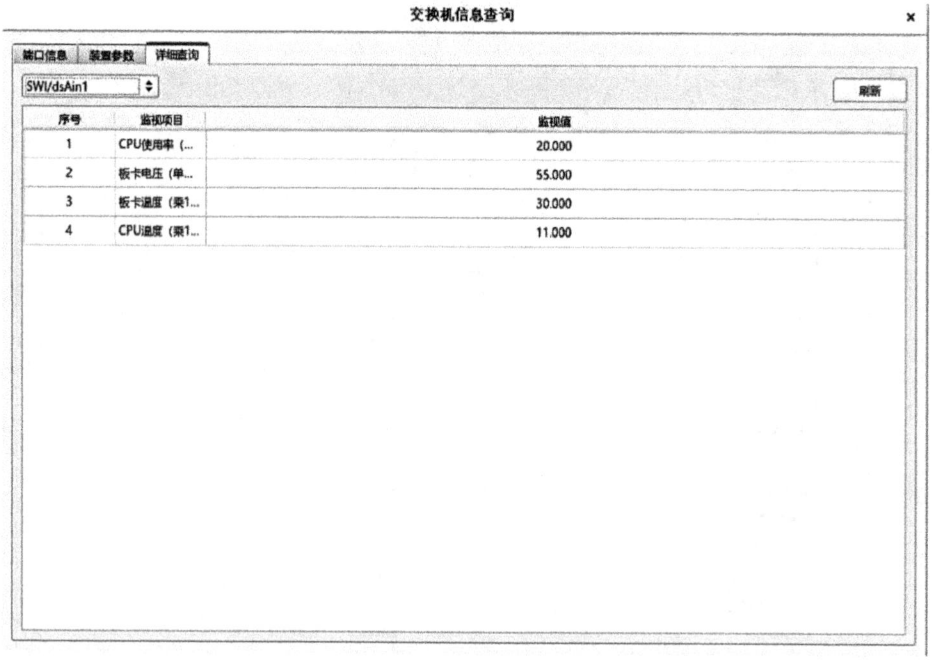

交换机信息查询　　　　　　　　　　　　　×

| 端口信息 | 装置参数 | 详细查询 |

SWI/dsAin1

刷新

序号	监视项目	监视值
1	CPU使用率（...	20.000
2	板卡电压（单...	55.000
3	板卡温度（累1...	30.000
4	CPU温度（累1...	11.000

图 4.8　交换机的遥测量

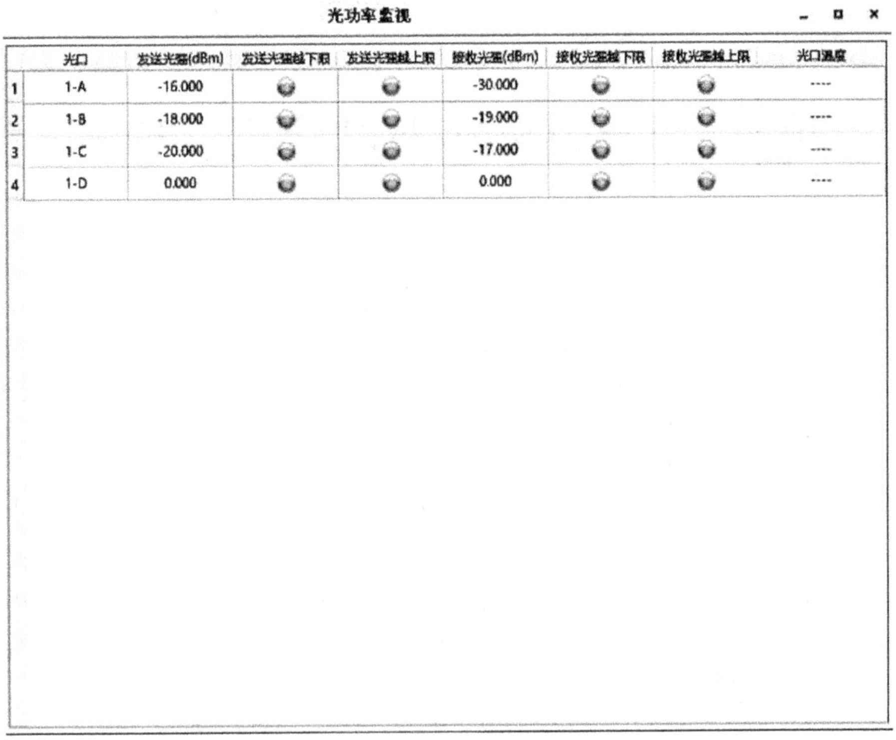

	光口	发送光器(dBm)	发送光器越下限	发送光器越上限	接收光器(dBm)	接收光器越下限	接收光器越上限	光口温度
1	1-A	-16.000			-30.000			----
2	1-B	-18.000			-19.000			----
3	1-C	-20.000			-17.000			----
4	1-D	0.000			0.000			----

图 4.9　交换机的光功率监视

第 5 章　电力交换机性能评价与管理

随着智能变电站在国内大面积推广，过程层应用交换机的数量越来越多，符合 IEC 61850 标准要求的工业级以太网交换机在变电站中越来越重要，并成为变电站安全稳定运行不可或缺的重要组成部分。在过程层采用交换机实现保护、测控与合并单元、智能终端信息互联时，智能变电站的交换机就成了保护可靠动作、遥控命令正确下发的关键环节。SV 和 GOOSE 数据帧在过程层交换机网络上传输而产生的传输延时、瞬时丢包等将直接影响保护动作的可靠性。交换机的维保水平直接关系到智能变电站网络系统的运行可靠水平，因此利用科学管理手段建立起来的一种先进的管理体制，能够有效推进智能变电站网络的安全发展。通过智能变电站性能评价与管理可以及时反映交换机的状态，通过交换机的性能评价与管理，指导交换机维保单位合理地安排检修时间，确定维保和检修项目，使交换机运行状态"可控、能控、在控"，保证电力系统继电保护的健康运行，为电网的安全经济运行打下良好基础。

5.1　评价指标介绍

交换机的功能包括端口镜像、链路聚合、VLAN、优先级等指标，交换机的性能包括整机吞吐量、存储转发速率、地址缓存能力、地址学习能力等指标。对交换机的功能和性能进行测试，测试方法参照第 3 章 3.1 节"单机性能与功能测试"。根据《智能变电站工业以太网交换机检测规范》要求，只有满足相关测试项指标要求的交换机才是电力系统中合格的交换机。下面分别从功能指标和性能指标进行详细说明。

5.1.1　功能指标

5.1.1.1　端口镜像

（1）单端口镜像的指标要求：具有一对一端口镜像功能，镜像过程中不应丢失数据；
（2）多端口镜像的指标要求：具有多对一端口镜像功能，镜像过程中不应丢失数据。
在镜像过程中如果发生数据丢失，将严重影响运行维护人员通过目的端口来分析源端口的流量情况，进而影响找出网络问题之所在。

5.1.1.2　链路聚合

指标要求：链路聚合时不应丢失数据。在链路聚合过程中如果发生数据丢失，会使链路负荷不平衡，进而出现拥塞。

5.1.1.3 VLAN 功能

指标要求：网络测试仪发送到交换机的数据流，若 VLANID 不同，则丢弃该数据流（入口不透传）或转发至相应 VLAN 端口（入口透传）；若相同则转发至相同 VLAN 的端口。广播风暴仅可在 VLAN 内广播。如果交换机的 VLAN 功能受损，那么当广播包的数量达到一定程度时将严重影响网络传输效率。

5.1.1.4 优先级

指标要求：应至少支持 4 个优先级队列，具有绝对优先级功能，应能够确保关键应用和时间要求高的信息流优先进行传输。数据按照设定的优先级正常转发数据。

5.1.1.5 基础环网

指标要求：环网中不应出现风暴流量，环形网络最长恢复时间通过每个设备不超过50ms。如果环形网络最长恢复时间通过每个设备超过 50ms，将导致数据传输中断。

5.1.1.6 电源告警功能

指标要求：支持当交换机发生电源断电（单电源掉电、双电源任一路掉电）时，应能够提供硬接点输出。如果交换机不能提供电源告警的硬接点输出，当电源发生故障时，运维人员将无法第一时间得知交换机的电源发生故障，只有当交换机的电源故障影响到设备时才会发现交换机电源故障。

5.1.1.7 非法 IP 报文过滤功能

指标要求：被测交换机不应转发如下典型不合法 IPv4 报文：IP 报头小于 20 字节的IP 报文；IP 版本号非 4 和非 6 的 IP 报文；IP 报文长度错误的报文；IP 校验和错误的报文；TTL 值为 0 的报文；目的 IP 地址为全 0、127 开头的目的 IP 地址、E 类目的 IP 地址。

交换机只有具备非法 IP 报文过滤功能才能有效地限制对网络资源的非法使用，例如非法主机冒充用户 IP 进行非法报文传输。

5.1.1.8 静态路由功能

指标要求：所有格式正确且符合静态路由要求的 IP 报文，应按静态路由规则转发。

5.1.1.9 RIP 动态路由协议

指标要求：交换机应能正确学习到 RIP 路由信息，并建立对应路由。例如，测试仪端口 A 发送报文，然后经过交换机传送到端口 B 和端口 C。路由功能开启后，在路由被学习到前，测试仪端口 B、C 不应收到报文，RIP 路由建立后，端口 B 可以收到报文，端口 C 无法收到报文。

5.1.1.10　三层报文 ACL 功能

指标要求：交换机至少可以针对报文源/目的 IP 地址、源/目的端口号实现过滤功能。

5.1.2　性能指标

5.1.2.1　整机吞吐量

指标要求：交换机整机吞吐量达到 100%。如果吞吐量太小，就会成为网络瓶颈，给整个网络的传输效率带来严重影响。

5.1.2.2　存储转发速率

指标要求：在满负荷下，交换机任意两端口可以正确转发帧的速率，存储转发速率等于端口线速。

5.1.2.3　地址缓存能力

指标要求：交换机 MAC 地址缓存能力应不低于 4096 个。如果地址缓存能力不够大，那么在传输的过程中就会出现数据的丢失或者广播。

5.1.2.4　地址学习能力

指标要求：交换机地址学习速率应大于 1000 帧/s。如果地址学习能力不够或者缺失，将导致数据在传输过程中产生大量的广播包，这将严重影响局域网内的通信状况。

5.1.2.5　存储转发时延

指标要求：交换机传输各种帧长数据时，时延(平均)应小于 $10\mu s$。如果存储转发时延过长，将导致数据在传输过程中出现堵塞，甚至丢包。

5.1.2.6　时延抖动

指标要求：交换机传输各种帧长数据时，时延抖动应小于 $1\mu s$。如果时延抖动过大，也就意味着交换机在传输数据的时候，上一帧数据的时延和下一帧数据的时延变化过大，这将对交换机的性能造成严重影响。

5.1.2.7　帧丢失率

指标要求：交换机帧丢失率应为 0。如果帧丢失率不为 0，说明该交换机性能存在严重缺陷，在数据传输过程中会导致数据丢失。

5.1.2.8　背靠背

指标要求：交换机帧丢失率应为 0。如果背靠背性能测试丢帧率不为 0，说明该交换机在以最小帧间隔发送最多数据包时产生数据丢失。

5.1.2.9 QoS 性能

指标要求：在流量较大的情况下，交换机应保证高优先级的流量的时延抖动小于 10μs。如果在流量较大的情况下，高优先级的流量时延抖动大于 10μs，那么将导致一些重要的业务数据延迟甚至丢失。

5.1.2.10 队头阻塞

指标要求：交换机不拥塞端口的帧丢失率应为 0。

5.1.2.11 GMRP 功能

指标要求：支持 GMRP 动态 MAC 地址的配置组播功能，能够接收来自其他设备的多播注册信息，并动态更新本地的多播注册信息，同时也能将本地的多播注册信息向其他设备传播，以便使同一交换网内所有支持 GMRP 特性的设备的多播信息达成一致。

5.2 性能评价与管理方法

5.2.1 交换机性能评估指标体系

智能变电站交换机性能评估是指出对交换机的性能水平进行系统、客观、全面地评估。通过性能水平评估，可判断该交换机的性能水平是否达到允许投入运行的基本要求，同时也可以判断同种类型不同型号设备间的性能优劣情况，为投入运行前的设备选型工作提供依据，以便选择性能最优的交换机，减少其在运行期间的故障率，提高智能变电站的运行可靠性和安全性。为能够全面、真实地体现智能变电站网络性能水平，需要通过建立评估原则，从影响交换机性能和功能的众多因素中，选取相应指标作为评判交换机性能和功能的评价因素。从而建立一个科学有效的智能变电站网络性能评估指标体系。

5.2.1.1 评价原则

评价智交换机性能与功能的优劣，涉及的因素众多。评价的作用能否发挥的关键在于选取科学合理的交换机网络性能与功能指标。选取的指标过少，则会缺乏代表性，状态评估的结果会显得片面化；选取的指标过多，既会对评估过程造成干扰，也会使得计算过程复杂化，增加误差。为了使评估指标能够全面、真实地体现智能变电站网络性能的水平，建立一个科学、完善、合理的评判状态评估模型，需遵循的基本原则包括全面性、合理性、可操作性、量化性。

（1）全面性：由于交换机的工作状态涉及众多因素，所以对其进行评估是一种多指标的综合性的评价。因此，在选取对应的交换机状态评估指标的时候，应从各方面综合考虑，在选择最初的指标时，一定要有足够的全面性，以保证状态评估因素的冗余度。

（2）合理性：建立智能变电站网络性能与功能评估体系，必须能反映出影响智能变电站网络性能与功能的主要因素，必须反映事物的本质属性。在进行评估时，必须坚持合理性原则，只有这样评价结果才具有可信度和客观性，获得的信息才有效。

（3）可操作性：评估智能变电站网络性能与功能评估体系是一个需要实际操作的过程。建立的评估体系应具备可行性，能够较为容易地在实际工作中实现，同时应注意使评估过程尽量简化，避免繁琐，这样才能方便收集数据资料。

（4）量化性：各评级因素的指标应具备可比性，便于比较各评价因素。智能变电站网络性能与功能评估必须通过一定的量化程度来表现，有些评价对象比较复杂且难以量化，在评估过程中应通过适当的方式实现量化，使得评估结果更加客观。

5.2.1.2　评价指标体系

智能变电站中二次设备类型较多，而且数据信息复杂、庞大，不同方面和不同层次的性能影响因素很多，都在不同程度上反映了智能变电站二次设备的性能优劣情况。但是，目前由于性能测试方法多样、企业的监管要求不同，而且实现所有性能指标的评估也不现实，所以针对智能变电站二次设备的性能评估还缺乏完善的指标体系。

结合专家的经验和对智能变电站二次设备性能的实际需要，以现行的规程标准、设备厂家技术指标等作为判据，根据设备实际运行工况、各类检测数据等综合信息对交换机的性能与功能进行量化评分，从而判断评估的真实性能。智能变电站网络性能评价与管理指标主要包性能和功能两个方面。

根据《智能变电站网络交换机技术规范》，其性能指标应包含吞吐量、存储转发速率、地址缓存能力、地址学习能力、存储转发时延、时延抖动、帧丢失率、背靠背、Qos 性能、队头阻塞、GMRP 功能；功能指标应包含端口镜像、链路组合、VLAN、优先级、基础环网、电源告警、非法 IP 报文过滤、静态路由、RIP 动态路由协议、三层报文 ACL 功能。所确定的智能变电站网络性能评价体系如图 5.1 所示。

5.2.2　智能变电站网络性能评价与管理方法

现在常用的评估方法主要包括综合评分法和模糊综合评价法。综合评分法是依据一定的标准对影响设备状态的各种因素打分，并通过加权相加起来最后求得实际的总分。模糊综合评价法是借助模糊数学理论来对实际问题采取综合评价的方法，具体是依靠模糊数学中的隶属度来将定性评价变成定量评价。

5.2.2.1　综合评分法

综合评分法具体是将交换机测试合格的性能与功能指标项目的分数相加，将得到的总分与智能变电站网络性能与功能评价结果等级表相比，确定交换机的性能优劣。

每一个性能与功能指标的分数应根据智能变电站网络性能评价指标分析与选取，交换机的不同性能对智能变电站网络运行的影响程度不同。交换机的性能信息根据对智能变电站网络运行的影响程度分为一般状态信息和重要状态信息两类：

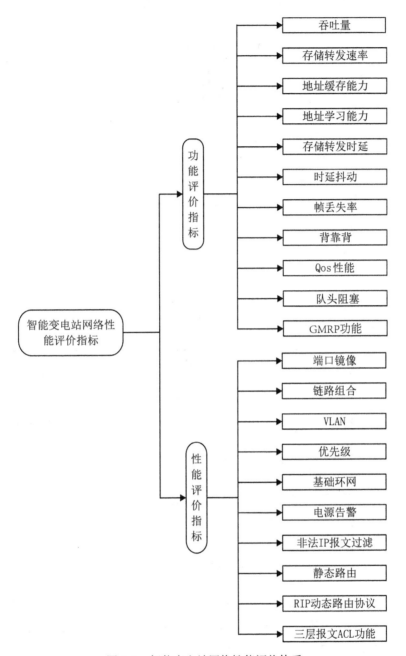

图 5.1　智能变电站网络性能评价体系

（1）一般信息：对设备的性能和安全运行影响相对较小的信息量。

（2）重要信息：对设备的性能和安全运行有较大影响的信息量。

将智能变电站网络性能与功能的优劣以 100 分制进行量化。根据专家经验及智能变电站网络交换机测试标准以及交换机的性能对智能变电站网络运行的影响程度不同设置测试项目的分值比例，智能变电站网络性能与功能信息分值见表 5.1。

表 5.1　　　　　　　　　　交换机智能变电站网络性能与功能内容

评价内容	指标	分值
性能	吞吐量	X1
	存储转发速率	X2
	地址缓存能力	X3
	地址学习能力	X4
	存储转发时延	X5
	时延抖动	X6
	帧丢失率	X7
	背靠背	X8
	Qos 性能	X9
	队头阻塞	X10
	GRMP 功能	X11
功能	端口镜像	X12
	链路组合	X13
	VLAN	X14
	优先级	X15
	基础环网	X16
	电源告警	X17
	非法 IP 报文过滤	X18
	RIP 动态路由协议	X19
	三层报文 ACL 功能	X20

智能变电站网络性能与功能评价结果可分为三个等级：优秀、合格、异常。表中智能变电站网络性能与功能的每项指标的分值及评价结果分值可根据交换机的实际情况进行实例化成具体的分值。三个等级的分值划分见表 5.2。

（1）v_1 为优秀：交换机功能与性能完善，运行及各种试验数据满足相应指标，且连续数次试验数据稳定，没有运行安全隐患且与同类设备相比状态偏好的状态。

（2）v_2 为合格：交换机运行及各种试验数据与出厂值或交接试验值接近，且连续数次试验数据稳定，允许个别数据稍有偏差，没有运行安全隐患且与同类设备相比状态偏好的状态。

（3）v_3 为异常：交换机某个试验数据或某个状态量超出标准限值，偏差较大，或者交换机缺失重要的功能与性能指标。

表 5.2   智能变电站网络性能与功能评价结果

结果	分值
优秀	A
合格	B
异常	C

5.2.2.2 模糊综合评价法

模糊综合评价应用模糊关系合成的特性，从多个指标角度对被评估对象的状况进行综合性评判。它不仅对被评估对象的变化区间进行划分，又将对象属于各个等级的程度进行分析，使得评估描述更加深入和客观。模糊综合评价法主要包括三个步骤：建立模糊评价模型、模糊综合评价法隶属度函数确定、模糊综合评价中权重系数的确定。

1. 建立模糊综合评价模型

(1) 建立评估对象的因素集 U 和评语集 V。

在实际工程中，评估对象因素集是影响评估对象各因素的集合，以 U 表示：

$$U = (u_1, u_2, \cdots, u_m) \tag{5-1}$$

智能变电站网络性能评价与管理指标主要包性能和功能两个方面。所以最终得到评价因素集 $U = \{$性能、功能$\}$，其中性能和功能测试分别都包含不同的测试项目，因此要建立二层模糊综合评价体系。

依据各评估指标的取值范围，并结合经验对因素集中的因素建立评语集，它是所有评估结果的集合，以 V 表示：

$$V = (v_1, v_2, v_3) \tag{5-2}$$

从性能测试的合理性对评价结果进行考虑，确定评价结果集合 $V = \{$优秀、合格、异常$\}$，可以简单直观地了解交换机网络性能测试所得出的结果。

(2) 确定评价矩阵 R。

R 为 U 到 V 的模糊关系。

$$R = \begin{bmatrix} r_{11} & r_{12} & \cdots & r_{1n} \\ r_{21} & r_{22} & \cdots & r_{2n} \\ \vdots & \vdots & \ddots & \vdots \\ r_{m1} & r_{m2} & \cdots & r_{mn} \end{bmatrix} \tag{5-3}$$

式中：R_{ij} 为 U 中 u_i 对 V 中 v_j 的隶属度。

(3) 计算权重向量 W。

$$U = (w_1, w_2, \cdots, w_m) \tag{5-4}$$

计算权重的方法通常有层次分析法、因子分析法、菲尔德法、专家评分法及熵值法。以采集的交换机项目测试指标为基础，通过对每个测试项目设置权重和劣化程度，来对智能变电站网络性能与功能进行综合评价。

（4）模糊综合评估数学模型建立。

模糊综合评估的数学模型计算公式如下：

$$B = WR = (b_1, b_2, \cdots, b_m) \tag{5-5}$$

式中：为广义模糊计算符号；B 为模糊综合评估结果，代表评估各个评语的隶属程度。

评估指标是依据层次来进行划分，将模糊综合评估的数模来扩展，得出多级模糊综合评估模型。对应的二级数学模型计算公式如下：

$$B = WR = W \begin{bmatrix} B_1 \\ B_2 \\ \vdots \\ B_n \end{bmatrix} \tag{5-6}$$

式中，B_1，B_2，$\cdots$，B_n 为二级模糊评估结果。

（5）计算评估结果。

通过上述计算，用表 5.3 来表示归一化的综合评价结果。

表 5.3　　　　　　　　　　　　　　综合评估结果

优秀	合格	异常
%	%	%

根据模糊综合评估的具体值，按照模糊综合评估的最大隶属度原则便可得到评估对象的评估等级。

2. 模糊综合评价法隶属度函数确定

隶属度是用来分析事物模糊程度的一个参数，它体现了集合（模糊集合）中元素隶属关系所含有的不确定性多少的一个数量指标。在模糊综合评价方法中，隶属度是评价结果论域中的因素在被评价因素论域中各个因素体现的关系矩阵，该矩阵中的值各个因素所对应的隶属度值。评价指标通常包括定性指标与定量指标两大类。这些指标都有一些相似的特点：第一，定性指标普遍具有模糊性。比如评价一个员工的工作能力时，只可以根据个人的认知能力和经验去分析得到：优秀、合格、异常这样的评价结果，而好坏的定义边界并不明确。第二，对于定量指标而言，虽然使用确定的量值进行分析，但是也不能完全以是或者否来直接断定一个事物。第三，各个评价指标通常是相互关联、相互作用的，因而不能单单考虑某一个指标，而应该将指标综合考虑，这就让本来就模糊不定的某个单一指标评价变得愈发模糊。由于确定事物本身性质具有模糊性，所以确定一个事物的隶属度也是相当困难的，通常隶属度的确定还要通过经验和从实践过程中不断反馈与修正的阶段。这说明了隶属度函数首先是在实际运用中得到效果的多少情况来不断修正和改善以求达到更加可信的结果，其次说明隶属度的确定方法并非唯一，通常需要在各种方法中进行比较和取舍。

（1）定性指标的隶属度算法。

定性指标是当某个事物无法通过定量方法表达出来时，人们为了评价它而使用的方法，通常采用一些模糊的表述如：优、良、好、坏等。

① 百分比统计法。将所需评价的对象的评价结果以百分比表示出来并作为其隶属度的一种方法。

② 多相模糊综合统计法。该方法是百分比统计法的一种延伸算法。

（2）定量指标的隶属度算法。

① 线性分析法。

线性分析法是将一些有代表性的可以作为分界点的值插入被测试因素结的连续区间上，再通过线性公式对测试结果进行计算而得到其相应的隶属度。这种方法也可以通过人为选择指标值中明显的分界点的值，再将测试结果除该值，得到的值再归一化就可以得到评价结果的隶属度。这种方法还有另一种形式，即选出测试结果中的最大值，让每个测试结果（数据）除以最大值就可以到相应的隶属度。这种方法需要注意所测数据是属于"正指标"或是"负指标"。

② 图形法。

该法通过将所有被评价结果的信息置于一个坐标系中，再根据常见的隶属度数图形选出与测试结果图相类似的函数进行计算。在工程上经常使用的隶属度数常有矩形型、梯形型、抛物线型、正态分布型等。

3. 模糊综合评价中权重系数的确定

权重系数是测评对象各个评价结果重要程度的定量描述，确定权重的方法有很多种，可以分为主观权重赋值方法和客观权重赋值方法两大类。主观权重赋值方法有专家调查法、层次分析法（AHP 法）、专家评分法（德尔菲法）等。主观的测试方法通常都是通过该领域专家对所评估目标的经验与认识基础上，确定各个评估因素的重要性，从而决定指标权重。主观权重赋值的方法发展最早，方法理论也比较成熟，并且在确定权重的过程中也通过一些改进技术等来减少权重确定时候的主观性，增加权重的可信度，可主观赋值方法依旧收到专家水平的限制，依赖性强而导致客观性不足。而客观权重赋值方法是由一定的公式和数学计算应用于评估所得的统计数据，再通过一系列的整理、分析、计算来得到各因素的权重值。客观权重赋值方法有：熵权法、变权理论、主成分分析方法等。这些方法通过评估因素的原始数据进行计算以得到权重，从而去除了主观因素对权重的影响。但是这样往往仅仅从一个角度去分析数据，忽略了因素间的相互联系，也常常受到测试方法不同的而最终权重差距较大的影响。因此通过主观权重确定。

（1）层次分析法。

层次分析法是一种将定性分析变化到定量分析的一种系统分析方法。通过层次分析的计算方式得到权重的步骤如图 5.2 所示。

① 确定评价因素 U；

② 确定判断矩阵，将评价因素矩阵 U 中的两个因素拿出并对这两者进行关于"重要程度"的比较。可以构造出比较矩阵 $P = (p_{ij})_{m \times n}$；

③ 用方根法或积分法计算判断矩阵 P 的最大特征值 λ_{max} 并得到相关特征向量即对各评价因素进行的重要性程度进行排序，即对权系数进行分配；

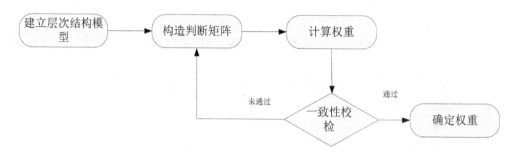

图 5.2　层次分析法结构流程图

④ 一致性检验($m > 2$ 时) 由如下公式进行：CR =CI/RT，此种 CR 是指判断矩阵随机性的一致性指标，CI $=(\lambda_{max} - m)/(m - 1)$；CI 是判断矩阵一般一致性指标；RT 是指判断矩阵的平均随机一致性指标。

从而可以用层次分析的方法计算得出不同因素权重 θ_i。

（2）信息熵确定权重。

在信息理论中，熵是用来表示随机事件不确定程度的值。对于某一组随机事件而言，它的不确定性大，那么通过计算所得出熵值也就很大。因此对于一个必然事件它的信息量为零，对于等概率事件而言，它所含信息量最大，因此熵可以反映信息有用程度。正是因为信息熵是通过原始数据所得到的，所以信息熵具有很高的客观性。用信息熵确定权重的方法如下：

① 对于由多组包含评价因素的交换机测试结果可以形成一个 $A =(a_{ij})_{m \times n}$ 矩阵，其中 m 代表测试项目，n 代表测试的指标，再将它正则化为 $X = (x_{ij})_{m \times n}$，那么所得的第 j 元素信息熵值可以表示为

$$E_j = -\frac{1}{\ln m} \sum_{i=1}^{m} x_{ij} ' \ln x_{ij} ' \tag{5-7}$$

式中，$x_{ij}' = x_{ij}' / \sum_{i=1}^{m} x_{ij}$，并规定当某一个时 $x_{ij}' = 0$ 时，$x_{ij}' \ln x_{ij} = 0$；

② 对 $A =(a_{ij})_{m \times n}$ 矩阵，第 j 个因素的权重为

$$w_j' = \frac{1 - E_j}{n - \sum_{j=1}^{n} E_j} \tag{5-8}$$

通过上面的求解步骤可以得知，当网络性能测试的样本某一因素值都相同时，该因素的信息熵达到最大值 1，那么权重值是 0，说明这个因素无法提供用以区分的有用信息。当每个样本某一因素值差距越大，所得该因素信息熵权值就会很小，即它的权重也就大，说明该因素提供可以用以区别的可用信息，需要重点研究。并且可知评价因素的熵值以及计算所得的权重与样本数据有关系，这不是由人为造成，且 $0 \leqslant E_j \leqslant 1$，$0 \leqslant w_j' \leqslant 1$，$\sum_{j=1}^{n} w_j' = 1$。因此，从分析可以看出信息熵所确定的因素权重是具有客观性的但是熵权法的

缺点也在此体现，并没有考虑各个因素相互间的关系。所以为了在权重中能体现出各个因素的相互关系，用信息熵和层次分析法分别确定出交换机网络性能评价因素的权重，然后进行综合，所得出的权重既考虑了客观性，又考虑了因素之间的关系。这样得出的权重值更能体现各个因素对于评价结果的意义。

(3) 最终权重的确定。

将层次分析法确定的权重值θ_i和熵权值w_i'结合，对权重值进行修正，进而得到各个指标的最终权重，最终权重值为

$$w_i = a \, w_i' + b \, \theta_i \tag{5-9}$$

式中：a，b是权重系数，$a + b = 1$。由于熵权法需要历史的数据，在具体的实现过程中，可以先进行交换机性能测试，待测试一定次数后，得到测试的数据，再进行算法的调整，从而得到权重。层次分析法在评价计算过程中可以不依托历史数据就完成评价。

5.3 评价与管理软件系统

5.3.1 交换机功能和性能评价管理系统

交换机功能和性能评价管理系统针对智能变电站站内信息网络的应用环境和特殊要求开发，该系统主要实现了对交换机测试项标准值的录入、测试数据的导入、测试数据与标准数据的比对、查询测试结果以及具体比对分析。通过对被测交换机功能和性能分析评价的管理，可以直观地了解交换机的功能和性能是否满足标准要求，还可以根据交换机生产厂家和测试站统计功能和性能测试不合格的交换机。

5.3.1.1 系统业务流程

交换机功能和性能分析评价管理系统的总体业务流程如图5.3所示，该系统主要包含四个功能模块：测试标准值录入、测试数据导入、结果比对和异常查询。

(1)测试标准值录入：录入交换机的测试标准，选择需要录入的交换机功能和性能参数，并对录入交换机的测试标准进行保存。

(2)测试数据导入：导入交换机测试数据，支持对导入的数据进行增加、删除等操作。

(3)结果比对：将录入标准值与交换机的测试数据进行比对，判断被测交换机的功能和性能是否合格，用户可以直接通过比对结果，了解各个厂家交换机的功能和性能。其中，比对结果可以按测试时间、标准、测试地点、电压等级和设备型号等条件查询。

(4)异常查询：按照所选参数类型，查询不合格交换机的相关信息，同时还可以按生产厂家和测试站统计功能和性能不合格交换机的数量。

5.3.1.2 系统功能结构

交换机功能和性能分析评价管理系统的功能结构如图5.4所示，主要包括主界面、测试标准、测试数据、结果比对和异常查询。主界面实现功能栏的展示、导出报告和软件的

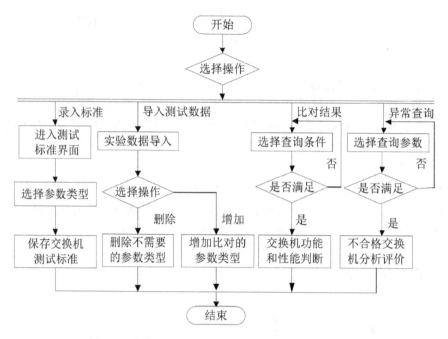

图 5.3　交换机的功能和性能评价管理系统业务流程图

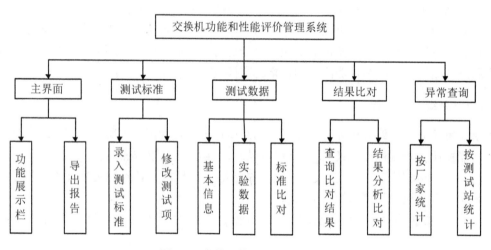

图 5.4　交换机管理系统软件结构

相关信息；测试标准主要实现各测试项标准值的录入，设置需要录入的标准测试项，并将所选参数类型的标准值进行保存，同时，用户可以自行对录入的测试标准值进行修改；数据测试主要实现了对实验数据的导入和导入数据与测试标准的比对，其中，导入交换机的基本信息主要包括测试环境、测试时间、测试地点、测试仪器信息和被测交换机的相关信息；结果比对中实现了对交换机测试数据评价结果的查询，支持按测试时间、标准、测试地点、电压等级、设备型号、厂家名称筛选交换机；异常查询实现了按参数类型查询不合格交换机的相关信息，并分别按照厂家和测试站统计不合格交换机的数量。

5.3.2 系统功能

交换机功能和性能分析评价管理系统通过对交换机的测试数据与标准的录入数据对比分析，对交换机的功能和性能进行评价，支持不同交换机的功能和性能进行比较，可根据参数类型、生产厂家和电压等级等多层次进行对比分析，并可以柱状图的形式直观地展示交换机测试参数类型的测试值与标准值。系统还支持按照测试参数类型、交换机厂家、变电站等参数查询统计不合格交换机。主界面如图 5.5 所示。

图 5.5   主界面

5.3.2.1   测试标准录入

测试标准功能模块主要实现测试标准值的录入、查询和修改。其中，交换机性能测试标准参数包含整机吞吐量、存储转发速率、地址缓存能力、地址学习能力、存储转发时延、时延抖动、背靠背、帧丢失率和队头阻塞；交换机功能测试标准参数包含端口镜像、链路聚合、VLAN 功能、优先级检测、基础环网检测和非法 IP 报文过滤检测等。

从主界面进入到如图 5.6 所示的交换机测试标准录入界面，该界面中设置了"新建""打开文件""保存文件"和"删除"功能键，可以对交换机测试标准进行新建、修改和删除，其中，图 5.6 所显示的为已录入的交换机测试标准。

"新建"功能键可实现对新的交换机测试标准的录入。录入新的交换机测试标准时需要填写所录入标准的名称，然后进入如图 5.7 所示的参数类型选择对话框，将对话框中的参数类型全部勾选，按下"OK"键，所勾选参数的相关信息显示在测试标准界面的

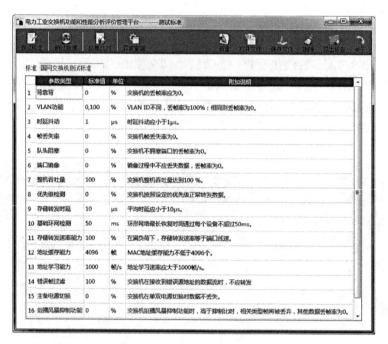

图 5.6　测试标准界面

图 5.7　参数类型勾选对话框

表格中，如图 5.8 所示，表格中包括交换机的参数类型、标准值、单位和附加说明等信息，其中，标准值为交换机测试标准中的参数值，该值可以在界面中"标准值"一栏直接修改。

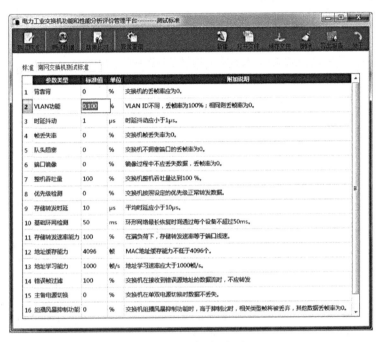

图 5.8　新建测试标准

"打开文件"功能键可以打开已录入的交换机测试标准，查看已录入的交换机测试标准值，图 5.9 为交换机测试标准文件打开界面。

"保存文件"功能键可以对当前测试标准进行保存。当需要对所录入的测试项标准值进行修改时，可直接在图 5.8 中"标准值"一栏修改，然后对修改后的值进行保存即可。

"删除"功能键可以删除已录入的交换机测试标准文件。图 5.10 为交换机测试标准文件删除界面，选择不需要的交换机测试标准文件对其进行删除。

录入的交换机测试标准主要是为了与交换机的测试值进行比对，通过比对结果判断被测交换机是否符合要求。

5.3.2.2　测试数据导入

测试数据功能模块主要实现对交换机实验数据的导入，并将导入的交换机实验数据与测试标准作比对。支持对导入的测试数据进行添加、删除、修改和清空。导入的测试数据主要包括交换机的基本信息和实验数据。图 5.11 为交换机和测试仪基本信息界面，导入的交换机基本信息主要包括交换机名称、厂家名称、版本信息和端口数量；测试仪信息主要包括设备名称、版本信息和型号规格。同时，基本信息界面中还显示了测试环境、测试时间、测试地点和电压等级，测试环境主要包括交换机实际测试的温度和湿度；测试时间

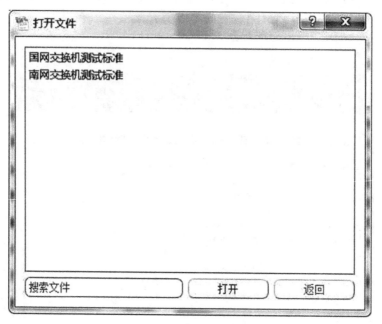

图 5.9　打开测试标准文件

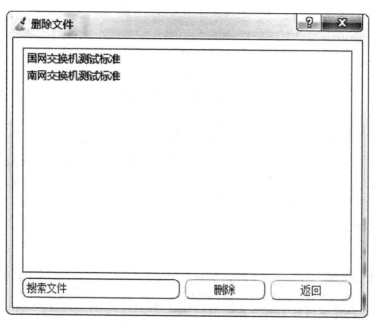

图 5.10　删除测试标准文件

显示了交换机开始测试时间和测试结束时间；测试地点为被测交换机所在的变电站；电压等级可以选择无电压等级、10kV、20kV、35kV、66kV、220kV、330kV、500kV 和 750kV 电压。

图 5.11 交换机的基本信息

以某一交换机的测试数据为例，对被测交换机的基本信息和实验数据进行导入，将导入的实验数据与选择的测试标准进行比对。图 5.12 为导入交换机测试数据的基本信息，其中，被测交换机的端口数量为 16，但只有 4 个端口被使用。交换机的端口信息包括端口名称、接口、速率、类型和状态，其中，交换机的接口有 LC 和 ST 两种，根据实际情况选择光纤的接口类型；交换机端口的速率可以选择 10M、100M 和 1000M，被测设备的端口类型有金属圆形带螺纹、金属圆形卡接式、塑料方形卡接式、对时用的发口、对时用的收口和电口，并且端口有可用和不可用两种状态。若导入的交换机基本信息有误时，用户可以根据实际的测试环境对温度、湿度、测试时间和测试地点进行修改，同时还可以修改测试仪和被测交换机的相关信息。图 5.12 中右上角的"保存文件"按钮可以将修改的基本信息进行保存，"打开文件"按钮可以打开已保存的文件，并将修改的交换机基本信息显示在基本信息界面中。

导入交换机的基本信息后，还需要对交换机功能和性能的实验数据进行导入，图 5.13 为交换机的实验数据导入界面。实验数据界面中主要显示交换机测试的参数类型、测试时间、测试参数、结果值和参数修改，其中，参数修改一栏主要是对实验数据的测试参数和结果值进行修改。图 5.13 右侧分别设置了"增加"、"删除"、"清空"、"思伯伦导入"和"SNT 导入"功能键，其功能分别为：

（1）增加：可以按照交换机功能和性能的测试类型增加交换机实验数据，如按 VLAN 功能、链路聚合、队头阻塞、端口镜像、整机吞吐量和存储转发时延等参数类型来添加交换机的实验数据，所增加的每一项实验数据包括测试时间、帧长和端口负载等相关信息；

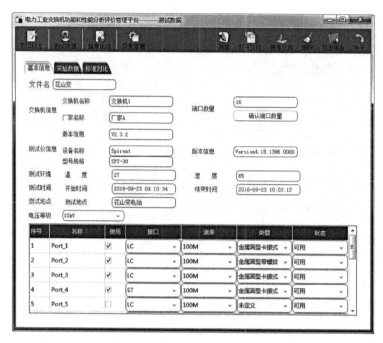

图 5.12 交换机的端口信息显示

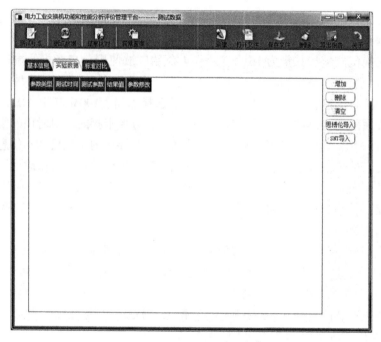

图 5.13 实验数据导入

（2）删除：根据与测试标准值的比对需要，删除交换机实验数据中不需要的参数类型。选中要删除的参数类型，单击删除按钮即可删除不需要的交换机参数类型；

（3）清空：清空按钮可以清除界面中所有导入的实验数据，以便导入或增加新的交换机的实验数据；

（4）思伯伦导入：支持思伯伦测试仪的数据导入，可直接将思伯伦测试仪的测试数据导入实验数据界面，以便对交换机实际的功能和性能进行查询，同时还为与测试标准值作比对做准备；

（5）SNT 导入：支持 SNT3000 网络测试仪的数据导入，可直接将 SNT3000 测试仪的测试数据导入实验数据界面。

思伯伦导入实验数据的界面如图 5.14 所示，可以对背靠背、时延抖动、帧丢失率、队头阻塞、存储转发时延、地址缓存能力和地址学习能力等功能和性能进行导入。

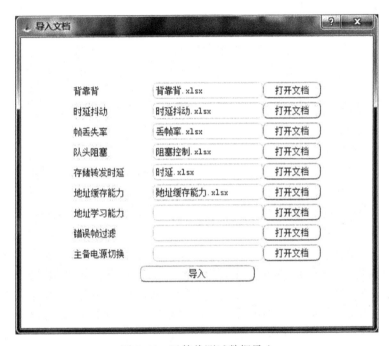

图 5.14 思伯伦测试数据导入

SNT3000 测试仪导入实验数据的界面如图 5.15 所示，可以导入交换机的基本性能测试、扩展性能测试和功能验证测试的实验数据，其中，基本性能测试包括吞吐量测试、时延测试和丢帧率测试等；扩展性能测试包括错误帧过滤、MAC 学习速率、MAC 缓存容量、广播时延和最大转发速率等；功能验证测试包括镜像功能测试和优先级测试。

以思伯伦导入为例，对某一交换机的测试数据进行导入。按图 5.14 所示选择思伯伦测试仪的测试文档，并对实验数据进行导入，导入后的实验数据如图 5.16 所示。由图 5.16 可知交换机背靠背性能的测试时间均为 2s，测试帧长度分别为 64、65、128、256、512、1024、1280、1518 字节，该交换机丢帧的结果值都为 0fps；检测交换机的 VLAN 性能时，在帧长不同、VLAN ID 相同的情况下，丢帧率均为 0；检测交换机的时延抖动性能

图 5.15　SNT 测试数据导入

时，在交换机的端口负载和帧长不同的情况下，两个端口同时以端口存储转发速率互相发送数据，时延抖动均小于 1μs，满足标准的性能要求。

若导入的交换机实验数据有遗漏时，采用"增加"功能键对测试数据进行添加，添加的交换机测试项界面如图 5.17 所示，可以添加的测试类型有背靠背、VLAN 功能、时延抖动、帧丢失率、队头阻塞、端口镜像、整机吞吐量、优先级检查、存储转发时延、基础环网检查、存储转发速率能力、地址缓存能力、地址学习能力、错误帧过滤、主备电源切换、组播风暴抑制和广播风暴抑制。在添加交换机的测试数据时，根据实际测试情况对测试时间、帧长、丢帧数和端口连接等信息进行添加，其中，端口信息包括端口负载、端口连接、端口发送和端口接收。同样，若导入的交换机测试数据有误或多余，可对导入的测试数据进行删除和清空操作。

交换机的测试数据导入完成后，需要对导入的数据进行保存。图 5.16 所示的交换机实验数据界面中设置了"保存文件""打开文件"和"删除"功能键，可以实现对导入数据的保存、查看和删除。图 5.18 为"打开文件"界面，选择图中的文件即可查看已保存的交换机测试数据。同样，选择"删除"功能键，可以删除已保存的交换机测试数据。

若导入的交换机实验数据有误，用户可以在参数修改一栏对导入的实验数据进行修改。例如，对图 5.16 中 VLAN 功能检测的某一项进行修改，参数修改界面如图 5.19 所示，根据对交换机 VLAN 功能的检测情况，选择 VLAN ID。可以对测试时间、帧长、帧丢失率和端口等信息进行修改，还可以添加和删除交换机与测试仪连接的端口数，修改交换机与测试仪的连接端口。

按照上述交换机的测试数据导入方法，对多个交换机的实验数据进行导入，将导入的

图 5.16 导入实验数据

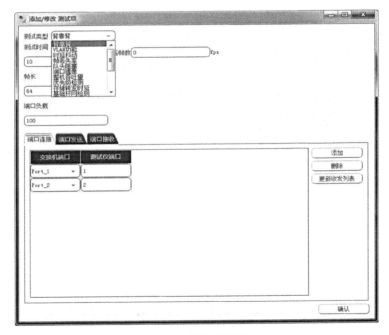

图 5.17 添加测试项

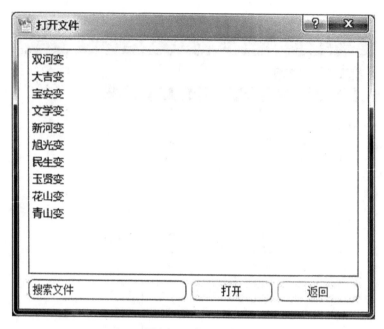

图 5.18　打开文件

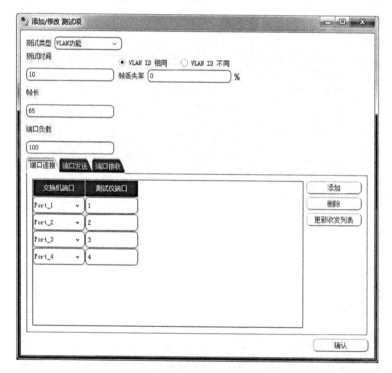

图 5.19　VLAN 测试项参数修改

实验数据与录入的标准值进行比较，对交换机的功能和性能进行评估比对，当交换机的各测试项满足测试标准值时，即视为合格。

测试数据界面中设计了标准比对功能，图5.20为标准比对界面，在进行标准比对时，首先要选择比对标准，比对标准为已录入的交换机功能和性能测试标准值。图5.20的表格中显示了交换机比对的参数类型、测试结果值和测试标准值，同时，附加说明一栏根据测试结果值与标准值来判断交换机的测试数据是否合格。右边一栏设置了"设备总分数"和"比对"按钮，比对前的设备总分数设置初值为100。用户可以选择已录入的交换机检测标准与交换机的实验数据作比对，从比对结果中分析评价交换机的每个参数类型测试项是否合格，以及各交换机的设备总分数，图5.20中显示的设备总分数可以作为交换机的质量评判标准。

图5.20 标准比对界面

交换机功能和性能分析评价管理系统对交换机的质量评价设置了一套标准，当交换机设备总分数小于90分时，认为此交换机不合格；当交换机设备分数大于等于90分，小于100分时，认为该交换机合格；当交换机设备分数等于100分时，该交换机即为优秀。对于交换机所有常用的性能检测，若交换机的某一性能测试不合格或不存在时，则该交换机的设备总分数减10分；若该交换机有两项性能测试不合格或不存在时，交换机的设备分数按2倍数成倍减少，依此类推，设备分数减到0为止。对于交换机所有常用的功能检测，若交换机的某一功能测试不合格或功能缺失时，则该交换机的设备总分数减少5分；

若该交换机有两项功能测试不合格或不存在时，交换机的设备分数按 2 倍数成倍减少，依次类推，设备分数减到 0 为止。用户可以根据设备总分数对交换机的功能和性能进行综合评价。

选择已导入的某一交换机实验数据与交换机的测试标准进行比对，分析被测交换机的功能和性能。标准比对结果如图 5.21 所示，通过比较交换机功能和性能检测的结果值与录入的测试标准值，来判断交换机测试的参数类型是否合格，最终给出交换机设备的总分数，再根据设备总分数对交换机的整体性能进行评价，为用户选择高性能的交换机提供依据。

图 5.21 中对导入的背靠背、时延抖动、帧丢失率、VLAN 功能、队头阻塞、端口镜像、优先级检测、存储转发时延、基础环网检测、存储转发速率、地址缓存能力、错误帧过滤、主备电源切换、组播风暴抑制和广播风暴抑制等功能和性能检测结果进行了比对，通过比对结果发现背靠背测试和地址学习能力检测不合格，其他的测试结果均合格，此时被测交换机的设备总分数为 80 分，故视该交换机不合格。

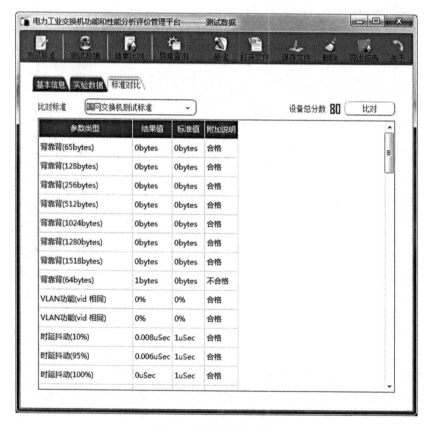

图 5.21　标准比对结果

标准比对功能模块中还设置了"导出报告"功能按钮，可自动生成交换机的功能检测报告，导出的报告中显示了测试仪和被测交换机的相关信息，以及被测交换机的功能和性能是否合格。

5.3.2.3 结果比对

交换机功能和性能分析评价管理系统的结果比对功能模块主要实现对交换机测试结果的评估以及具体比对分析,可以对交换机的比对结果按地区、类型、性能指标等多层次展现。用户可以直观地比较不同厂家的交换机性能,根据各厂家交换机功能和性能的优越性来选择交换机。

结果比对界面如图 5.22 所示。用户可以按照交换机的测试时间、标准、地区、电压等级、设备型号、厂家和高级参数来查询交换机的比对结果。其中,标准为已录入的交换机测试标准,供用户自行选择。按地区、电压等级、设备型号、厂家和高级参数查询为用户自选项,用户可以根据查询需求来选择查询条件。

结果比对界面的表格中显示了所查询文件的相关信息,主要包括交换机的测试时间、文件名、设备厂家、测试标准和评估,其中,评估一栏评价交换机设备是否合格。若没有标准供选择时,点击"标准"右侧的下拉框会给出相应的提示,提示用户导入交换机的测试标准值。

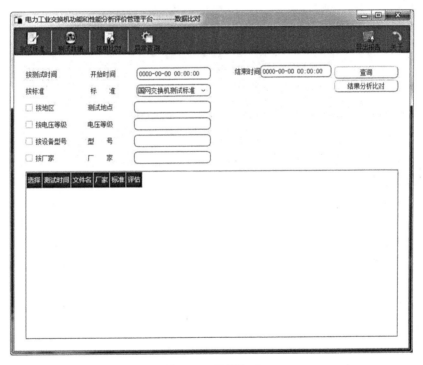

图 5.22 结果比对

评估比对功能模块中设置了"查询"和"结果比对分析"功能键,用户填写好所要查询文件的测试时间和比对的标准类型,然后根据需求选择其他的查询条件,如按地区、按电压等级、按设备型号、按厂家进行查询。

　　以某测试标准为查询条件对比对结果进行查询，点击"查询"按钮，表格中会显示出满足查询要求的文件，如图 5.23 所示。评估一栏中显示了被测交换机设备是否合格，根据上文中提到的交换机评价标准，将交换机设备分为优秀、合格和不合格三种情况。

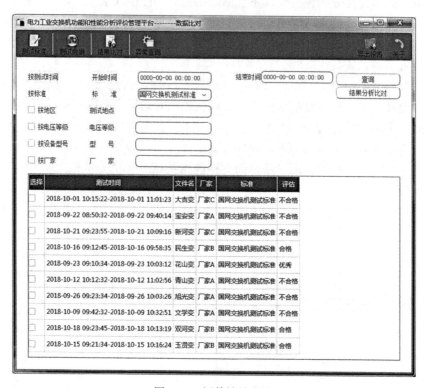

图 5.23　评估结果查询

　　用户可以勾选图 5.23 表中的测试文件，对不同交换机的测试结果进行分析比对。对交换机进行结果分析比对时，不仅可以将被测交换机的功能与性能测试值与录入的测试标准比较，还可以将不同交换机的测试结果进行比较。在勾选测试文件时，最多可以勾选 4 个文件，若勾选的测试文件大于 4 个，会弹出提示窗口，如图 5.24 所示。若用户没有勾选测试文件，直接点击"结果分析比对"按钮，会弹出提示用户选择设备文件的对话框。

　　在图 5.24 中勾选四个测试文件进行结果分析比对，点击右上角的"结果比对分析"按钮，弹出如图 5.25 所示的结果比对分析界面。该界面中显示了四个测试站交换机进行功能和性能测试的实验数据以及录入的测试标准值，将实验数据与测试标准值作比对分析，比较不同交换机的功能和性能测试结果是否合格。

　　为了进一步分析评价各交换机的功能和性能，对不同的交换机进行功能和性能进行比对分析，以柱状图的形式展示各交换机的测试结果，并将交换机的功能和性能检测结果与测试标准进行比较。图 5.26 为四个变电站交换机的背靠背测试结果与标准值的比较，由图 5.26 可知，民生、玉贤、花山和青山四个变电站的交换机在 64 帧长的测试中只有青山变电站出现了丢帧，其他交换机丢帧数均为 0。同样，对其他帧长的测试结果与标准值比

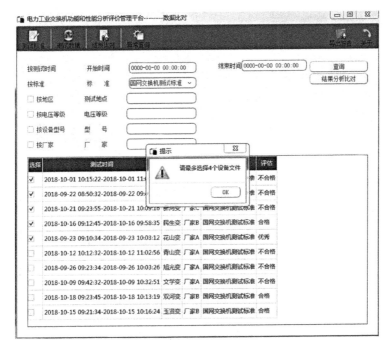

图 5.24 结果分析比对提示框

参数类型(帧长)	花山变	玉贤变	民生变	青山变	标准值
背靠背(64bytes)	0bytes	0bytes	0bytes	1bytes	0bytes
背靠背(65bytes)	0bytes	0bytes	0bytes	0bytes	0bytes
背靠背(128bytes)	0bytes	0bytes	0bytes	0bytes	0bytes
背靠背(256bytes)	0bytes	0bytes	0bytes	0bytes	0bytes
背靠背(512bytes)	0bytes	0bytes	0bytes	0bytes	0bytes
背靠背(1024bytes)	0bytes	0bytes	0bytes	0bytes	0bytes
背靠背(1280bytes)	0bytes	0bytes	0bytes	0bytes	0bytes
背靠背(1518bytes)	0bytes	0bytes	0bytes	0bytes	0bytes
VLAN功能(第1组数据)	0%	0%	0%	0%	0
时延抖动(64bytes,10%)	0.008uSec	0.008uSec	0.008uSec	0.008uSec	1uSec
时延抖动(64bytes,95%)	0.006uSec	0.006uSec	0.006uSec	0.006uSec	1uSec
时延抖动(64bytes,100%)	0uSec	0uSec	0uSec	0uSec	1uSec
时延抖动(65bytes,10%)	0.009uSec	0.009uSec	0.009uSec	0.009uSec	1uSec
时延抖动(65bytes,95%)	0.004uSec	0.004uSec	0.004uSec	0.004uSec	1uSec

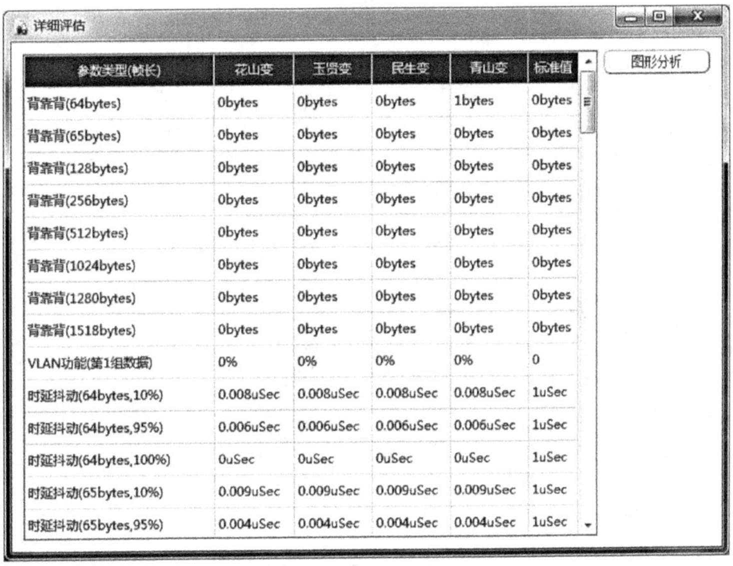

图 5.25 结果比对分析界面

较，测试结果均未出现丢帧情况，故上述四个交换机的背靠背性能检测结果只有青山变电站交换机背靠背性能检测不合格。

图 5.27 为民生变电站、玉贤变电站、花山变电站和青山变电站四台交换机的存储转

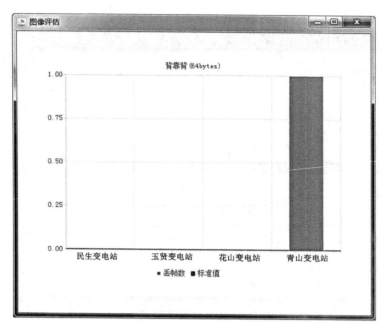

图 5.26 交换机背靠背比对

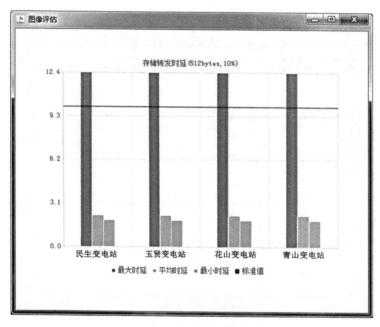

图 5.27 交换机存储转发时延比对

发时延检测结果与标准存储转发时延的比较，其中，交换机的平均存储转发时延小于
10μs 视为合格。由图 5.27 可知，四台交换机的平均存储转发时延测试值均小于标准值，
且其他帧长的测试结果也满足标准要求，故民生变电站、玉贤变电站、花山变电站和青山

变电站四台交换机的存储转发时延检测结果均合格。

  图 5.28 为民生变电站、玉贤变电站、花山变电站和青山变电站四台交换机的丢帧率检测结果与标准值的比较，其中标准值为 0。由图 5.28 可知，四台交换机只有青山变电站交换机在丢帧率检测中出现了丢帧，其余三台交换机的丢帧率检测结果均合格。

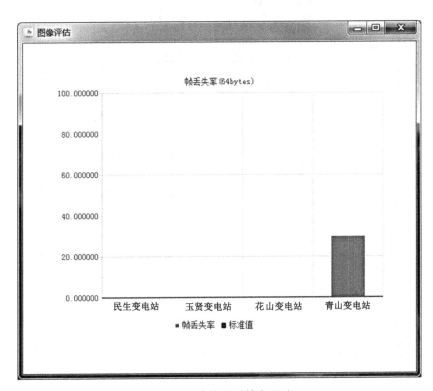

图 5.28 交换机丢帧率比对

  图 5.29 为民生变电站、玉贤变电站、花山变电站和青山变电站四台交换机的整机吞吐量检测结果与标准值的比较，其中整机吞吐量的标准值为 100%。由图 5.29 可知，四台交换机在 64 帧长的测试中整机吞吐量均为 100%，且其他帧长的测试结果也满足标准要求，故民生变电站、玉贤变电站、花山变电站和青山变电站四台交换机的整机吞吐量检测结果均合格。

  图 5.30 为民生变电站、玉贤变电站、花山变电站和青山变电站四台交换机的地址缓存能力检测结果与标准值的比较，其中，MAC 地址缓存能力不低于 4096 个视为合格。由图 5.30 可知，四台交换机在 64 帧长的测试中地址缓存能力均超过了 4096 个，且其他帧长的测试结果也满足标准要求，故民生变电站、玉贤变电站、花山变电站和青山变电站四台交换机的地址缓存能力检测结果均合格。

  用户还可以对交换机的其他功能和性能检测结果进行比对分析，通过比较分析各交换机功能和性能检测的结果，判断所测功能和性能指标是否合格，进而对交换机的整体性能进行评价。

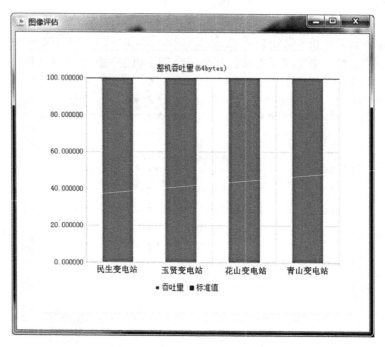

图 5.29　交换机整机吞吐量比对

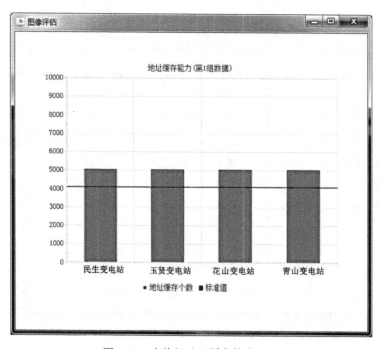

图 5.30　交换机地址缓存能力比对

5.3.2.4 异常查询

异常查询功能模块主要实现按照交换机测试的参数类型查询交换机评价结果，同时，对被测参数不合格的交换机按生产厂家和测试站名称进行统计，将被测参数不合格的交换机的生产厂家和测试站以柱状图形式展示出来，通过统计结果判断各个厂家生产的交换机质量。

异常查询界面如图 5.31 所示，用户可以勾选交换机的功能和性能检测类型，查询被测交换机不合格的功能和性能指标，如背靠背、VLAN 功能、时延抖动、帧丢失率、队头阻塞、单端口镜像、整机吞吐量、优先级检测、存储转发时延、基础环网检测、存储转发速率能力、地址缓存能力、地址学习能力、错误帧过滤、主备电源切换、组播风暴抑制和广播风暴抑制。查询结果主要显示被测交换机的设备名称、版本信息、生产厂家、测试地点以及分析说明，其中，分析说明具体描述了被测交换机不合格的测试项。

图 5.31 参数类型查询

根据已录入的交换机测试标准与测试数据的比对结果分析，对功能和性能不合格的交换机进行查询，按参数类型查询不同厂家生产的交换机不合格的数量。勾选图 5.31 中所有功能和性能参数，对功能和性能不合格的交换机进行查询，查询结果如图 5.32 所示。查询结果中显示，有八个交换机存在功能或性能不合格，且这八个交换机分别出自三个不同的厂家，分析说明一栏中具体描述了被测交换机不合格的功能和性能指标。例如，交换机 8 出自厂家 B，在双河变电站被检测，对该交换机进行丢帧率测试时存在丢帧的情况；交换机 3 出自厂家 A，在旭光变电站被检测，检测结果显示背靠背测试和地址学习能力检测不合格。

图 5.32　异常查询结果

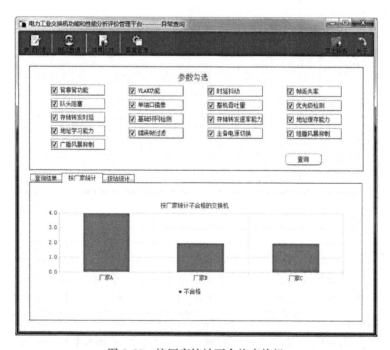

图 5.33　按厂家统计不合格交换机

　　为了统计各厂家不合格交换机的数量，异常查询模块中设置了"按厂家统计"功能键，可按照生产厂家统计功能和性能不合格的交换机。图5.33为功能和性能不合格的交换机按生产厂家的统计结果，被测交换机中，厂家A生产的交换机有4台存在功能和性能不合格，厂家B和厂家C生产的交换机均有2台存在功能和性能不合格。

　　异常查询模块中还设置了"按站统计"功能键，按测试站统计功能和性能存在不合格的交换机。点击"按站统计"按钮，弹出如图5.34所示的界面，柱状图中显示了按测试站统计不合格交换机的数量。

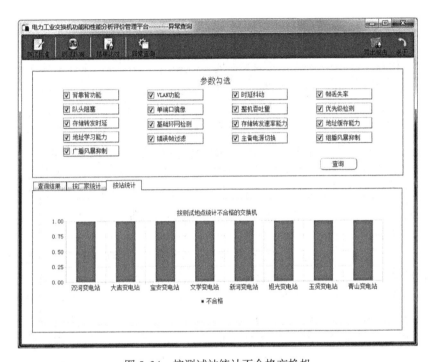

图5.34　按测试站统计不合格交换机

第6章　电力工业以太网交换机安全防护

6.1　安全防护总体要求

随着工业信息化的推广及智能电网的发展，已经使电网成为一个以信息系统为支撑的大的 IT 网络系统，电力工业控制系统在工业信息化中有着举足轻重的位置，在电网配电、调控等生产系统中广泛应用，而电力工业控制系统正面临着日益严重的攻击威胁。2015年 12 月 23 日，乌克兰电网因遭受黑客攻击，导致大面积停电。该黑客攻击事件已引起了世界各国的高度重视，甚至提升到国家安全战略的高度，并在政策、标准、技术、方案等方面展开了积极应对。同时，正因为这些关键基础设施在国计民生中的重要性，也往往成为国际敌对势力、敌对组织、黑客的攻击目标。ICS-CERT 公布数据中，2013 年全年的工控安全事件达 632 件，其中多集中能源行业(59%)和关键制造业(20%)，工控安全事件呈快速增长的趋势。

作为变电站二次系统组网结构中最关键的网络设备——工业以太网交换机，同样也面临着严峻的网络安全威胁。变电站内用于组网的以太网交换机是专为工业应用而开发的高性能工业级以太网交换机。该类交换机拥有高性能的交换引擎，采用坚固而封闭的机箱和一体化无风扇散热方式的设计，配备有输入端过流、过压及 EMC 防护功能。该类交换机 RJ45 端口优良的 EMC 防护性能，使得其能够适应严酷而复杂的工业应用环境。同时，这类交换机光纤网络的冗余功能和冗余的电源输入功能，为设备的可靠运行提供了多重保障。

电力工业以太网交换机的安全基线配置可分为五个方面：设备管理、用户账号与口令安全、日志与审计、服务优化和安全防护。设备管理主要从规范网络设备本地登录和远程管理等方面，保证网络设备的管理符合安全要求；用户账号与口令安全是从登录口令和账号权限分配方面保证网络设备的安全；日志与审计是从设备本身日志和网络管理协议方面考虑，方便事后追溯；服务优化是从设备开启的服务的角度考虑，防止不必要的服务被利用；安全防护是从设备使用的角度考虑，通过设置访问控制列表等进行防护。

根据《电力监控系统安全防护总体方案》(国能安全〔2015〕36 号)的相关要求，电力工业以太网交换机的安全防护同样应遵循"安全分区"的根本原则。

"安全分区"是电力监控系统安全防护体系的结构基础。智能变电站组网用工业以太网交换机根据不同的业务系统，原则上划分为生产控制大区和管理信息大区。生产控制大区可分为控制区(又称安全Ⅰ区)和非控制区(又称安全Ⅱ区)。站控层、间隔层和过程层组网用的交换机，都应该按照不同的业务系统进行安全分区，将不同用途的交换机置于不同的安全区中。其中，生产控制大区中的Ⅰ区和Ⅱ区之间，应当采用具有访问控制功能的设备、防火墙或者相当功能的设施，实现逻辑隔离，以确保不会形成生产控制大区内的跨区互联。

6.2 安全防护其他要求

智能变电站组网用工业以太网交换机除满足一般的技术条件外，还应满足一些特殊的安全防护要求。

6.2.1 可靠性要求

智能变电站组网用工业以太网交换机应当具有高安全性和高可靠性，禁止采用安全风险高的通用网络服务功能。

6.2.2 选型要求

智能变电站组网用工业以太网交换机在选型和配置时，应当禁止选用经国家相关管理部门检测认定并经国家能源局通报存在漏洞和风险的产品；对于已经投入运行的交换机，应当按照国家能源局及其派出机构的要求及时进行整改，同时应当加强相关系统及设备的运行管理和安全防护。生产控制大区应当选用安全可靠的硬件防火墙，其功能、性能、电磁兼容性必须经过国家相关部门的检测认证。

6.2.3 安全配置要求

智能变电站组网用工业以太网交换机的安全配置包括关闭或限定网络服务采用安全增强的 SNMPv2 及以上版本的网管协议、设置受信任的网络地址范围、记录设备日志、设置高强度的访问密码、开启访问控制列表、封闭空闲的网络端口等。

6.2.4 备用与容灾要求

智能变电站组网用工业以太网交换机的运行维护或管理单位应当定期对关键业务的数据和配置文件进行备份，建立历史归档数据的异地存放制度。同时，有条件的单位应当对交换机及其关键部件进行相应的冗余配置。

6.2.5 组网要求

设备运维或管理单位应根据各部门的工作职能、重要性和所涉及信息的重要程度等因素，划分不同的子网或网段，并按照方便管理和控制的原则为各子网、网段分配地址段。

6.3 安全防护措施及方法

对智能变电站组网用工业以太网交换机进行安全加固，主要是对其存在的漏洞和安全隐患进行参数、规则逻辑、策略等配置或修补的过程。通过对其进行安全加固，能够及时发现和解决这些设备在网络安全方面存在的各类漏洞，防范和抵御各类黑客、木马、恶意代码等对二次系统即电力监控系统的攻击和破坏。

智能变电站组网用工业以太网交换机通常安装于变电站(发电厂)的主控小室或继电保护小室中，周围的环境虽不像置于公共场所中那样复杂，但也面临着本地或远程登录设备带来的安全风险。设备运维或管理单位经常需要通过本地登录的方式，对交换机进行调试和配置。设备管理的安全加固措施有如下四条：

6.3.1　修改基本网络配置信息

根据不同的业务分区和功能应用，通过修改交换机的基本网络配置信息，进而防止未授权的本地登录。需要注意的是，修改完毕后必须妥善保管或记录设备的登录信息，否则将给后期的调试和维护工作带来很大的麻烦。例如：将设备的默认登录 IP 地址由 192.168.1.1 修改为 170.15.1.2。

6.3.2　禁用无用的端口

由于空闲的端口面临着本地未授权登录带来的种种安全风险，因此，需要结合设备的实际使用情况，关闭未使用的业务端口。

方法一：通过本地登录设备 Web 配置界面，将无用端口的管理状态由"使能"修改为"不使能"。

方法二：通过随机附带的 RJ45-DB9 网管线分别连接设备的 console 口与 PC 的 9 针串口，利用 SecureCRT 软件访问设备，在命令行界面下，进入需要关闭的端口，输入"shutdown"进行关闭。

6.3.3　修改登录密码

交换机的登录密码作为登录或配置交换机的唯一凭证，具有十分重要的安全地位。交换机的默认密码一般在设备的安装手册或说明书中就可以查到，为了保障交换机和二次系统的网络安全，必须要对其默认的登录密码进行修改，从而对登录网络设备的用户进行身份鉴别。通过 Web 管理界面登录设备，将设备的默认登录密码修改为强口令密码，密码复杂度要求 8 位以上，且包含大小写英文字母、数字和标点符号。同时，身份鉴别信息应具有不易被冒用的特点，并应定期更换。

6.3.4　MAC 地址绑定

由于每个网络适配卡具有唯一的 MAC 地址，为了有效防止非法用户盗用网络资源，需要进行 MAC 地址绑定。通过 Web 管理界面登录交换机，将 MAC 地址、端口和 IP 地址进行绑定，可以有效规避非法用户的接入，对交换机进行网络物理层面的安全保护，从而提高二次系统的整体安全防护水平。

6.3.5　SNMP 安全配置

简单网络管理协议(SNMP)，由一组网络管理的标准组成，包含一个应用层协议、数据库模型和一组资源对象。该协议能够支持网络管理系统，用以监测连接到网络上的设备是否有任何引起管理上关注的情况。随着智能变电站中网络安全监测装置的大量部署，SNMP协议的安全配置就显得日益重要。

SNMP的安全配置通常在Web管理系统中进行实现，具体方法如下：首先，登录交换机Web管理系统，将"SNMP使能"功能设置为"使能"；然后，将"只读团体名"和"读写团体名"分别由默认的"public"和"private"修改为具备一定复杂度的名称，防止恶意用户通过猜测默认的团体名进行非授权登录；最后，配置请求端口及管理服务器的IP地址。

6.3.6 ACL安全配置

访问控制列表(ACL)是路由器和交换机接口的指令列表，用来控制端口进出的数据包。为了保证内网的安全性，需要通过安全策略来保障非授权用户只能访问特定的网络资源，从而达到对访问进行控制的目的。通过对交换机访问控制列表的配置，可以过滤或限制网络中的流量，可以允许特定的设备对其进行安全访问。

智能变电站组网用工业以太网交换机的ACL安全配置通常在Web管理系统中进行实现，具体方法如下：登录交换机Web管理系统，进入ACL配置界面，将具体端口的ACL模式由"不控制"根据需要修改为"接收"或"拒绝"，应用成功后在端口ACL地址配置列表中添加相应的MAC地址，应用成功后即可实现对该MAC地址的访问控制功能。

6.3.7 其他安全措施及要求

6.3.7.1 物理安全措施

智能变电站组网用工业以太网交换机的放置场所应选择在具有防震、防风和防雨等能力的建筑内，机房场地应避免设在建筑物的高层或地下室，以及用水设备的下层或隔壁。机房出入口应采取控制、鉴别和记录进入人员的措施，需进行调试和配置交换机的技术人员应经过申请和审批流程，并限制和监控其活动范围。

6.3.7.2 日志记录措施

《中华人民共和国网络安全法》第二十一条规定："采取监测、记录网络运行状态、网络安全事件的技术措施，并按照规定留存相关的网络日志不少于六个月。"智能变电站组网用工业以太网交换机作为变电站内重要的网络设备，应具备相应的日志记录功能。

参 考 文 献

[1] 徐雪鹏. 路由型与交换型互联网基础(第 3 版)[M]. 北京：机械工业出版社，2018.

[2] 沈鑫剡. 路由和交换技术[M]. 北京：清华大学出版社，2013.

[3] 王平，谢昊飞，肖琼等. 工业以太网技术[M]. 北京：科学出版社，2007.

[4] 孙鹏，张大国，汪发明等. 调试与运行维护[M]. 北京：中国电力出版社，2014.

[5] 何建军，徐瑞林，陈涛. 智能变电站系统测试技术[M]. 北京：中国电力出版社，2013.

[6] 刘劲松，开赛白，白伟等. 智能变电站试验与调试实用技术[M]. 北京：水利水电出版社，2017.

[7] 国家电网公司. Q/GDW 1396—2009 IEC 61850 工程继电保护应用模型[S].

[8] 国家电网公司. Q/GDW 429—2010 智能变电站网络交换机测试规范[S].

[9] 国家电网公司. Q/GDW 441—2010 智能变电站继电保护技术规范[S].

[10] 冯军. 智能变电站原理及测试技术[M]. 中国电力出版社出版，2011.

[11] 刘烨. OSI 参考模型与 TCP/IP 参考模型的比较研究[J]. 信息技术，2009，33(11)：127-128.

[12] 彭赟，刘志雄，刘晓莉，孙云莲，查晓明，饶凌平. TCP/IP 网络体系结构分层研究[J]. 中国电力教育，2014(15)：38-39+64.

[13] 王丽. 生成树协议与交换网络环路的研究[J]. 数字技术与应用，2016(02)：87.

[14] 李增雷. 浅谈交换机发展和新一代交换机[J]. 计算机光盘软件与应用，2012(08)：28-29.

[15] 祝陈，陈新来，蒋朝阳. 浅谈交换机的级联与堆叠的不同应用[J]. 数字技术与应用，2010(05)：93.

[16] 于同伟，吉明岐，王罡，邓星星，牛俊涛. 智能变电站网络压力对 IEEE 1588 时钟同步的影响[J]. 电气应用，2015，34(S1)：394-401.

[17] 黄鑫. 智能变电站网络交换机发展综述与技术验证[J]. 电力信息与通信技术，2015，13(05)：6-11.

[18] 李锋，谢俊，赵银凤，张小波，冯勇，李勇. 基于 IEC 61850 的智能变电站交换机 IED 信息模型[J]. 电力系统自动化，2012，36(07)：76-80.

[19] 吴娜. 浅谈电力网络信息系统安全[J]. 天津电力技术，2005(S1)：32-34.

[20] 李锋，谢俊，赵银凤，张小波，冯勇，李勇. 基于 IEC 61850 的智能变电站交换机 IED 信息模型[J]. 电力系统自动化，2012，36(07)：76-80.

[21] 吕航，陈军，杨贵，崔大林，李力. 基于交换机数据传输延时测量的采样同步方

案[J]. 电力系统自动化, 2016, 40(09): 124-128.

[22]周旭峰, 杨贵, 袁志彬, 王文龙, 刘明慧. 交换机流量限制技术及其在智能变电站的应用[J]. 电力系统自动化, 2014, 38(18): 114-119.

[23]张文, 张保善, 左群业. 延时可控交换机在智能变电站中的应用和测试分析[J]. 现代电力, 2015, 32(04): 90-94.

[24]刘井密, 李彦, 杨贵. 智能变电站过程层交换机延时测量方案设计[J]. 电力系统保护与控制, 2015, 43(10): 111-115.

[25]张小建, 吴军民. 智能变电站网络交换机信息模型及映射实现[J]. 电力系统保护与控制, 2013, 41(10): 134-139.

[26]彭志峰. 智能变电站二次设备性能评估方法的研究[D]. 华北电力大学, 2014.

[27]浮明军, 刘秋菊, 左群业. 智能变电站网络风暴测试研究[J]. 现代电力, 2013, 30(03): 85-89.

[28]张晓伟, 陈玉涛, 杨辉, 万首丰, 张静怡. 智能变电站过程层组网方案研究[J]. 数字技术与应用, 2017(02): 81-82.